本著作受江苏大学专著出版基金资助出版

仿生植物
在对重污染水体氮素去除中的应用

周晓红　著

化学工业出版社

·北京·

《仿生植物在对重污染水体氮素去除中的应用》主要内容包括当前我国水污染现状及其特征以及仿生植物在污水处理中的应用情况、仿生植物附着生物膜氮素含量分析、仿生植物附着微生物膜对水质净化效果的研究、不同季节条件下仿生植物附着生物膜氨氮降解效能的影响、不同水深条件下仿生植物附着生物膜氨氮降解效能的影响、环境因子对仿生植物附着生物膜对氨氮降解效能的影响、仿生植物对水体污染物净化机制分析、仿生植物材料选择与管理维护技术、仿生植物应用到水质净化技术中的综合效益评价。本书可供从事污水处理的科研人员阅读，还可供政府机构工作人员参考。

图书在版编目（CIP）数据

仿生植物在对重污染水体氮素去除中的应用/周晓红
著. —北京：化学工业出版社，2018.4
ISBN 978-7-122-31243-3

Ⅰ.①仿…　Ⅱ.①周…　Ⅲ.①仿生-植物-应用-含氮废水-水污染防治-研究　Ⅳ.①X52

中国版本图书馆 CIP 数据核字（2017）第 319379 号

责任编辑：满悦芝　　　　　　　　　　装帧设计：关　飞
责任校对：陈　静

出版发行：化学工业出版社（北京市东城区青年湖南街 13 号　邮政编码 100011）
印　　刷：三河市航远印刷有限公司
装　　订：三河市宇新装订厂
710mm×1000mm　1/16　印张 11¾　字数 221 千字　2018 年 4 月北京第 1 版第 1 次印刷

购书咨询：010-64518888（传真：010-64519686）　售后服务：010-64518899
网　　址：http://www.cip.com.cn
凡购买本书，如有缺损质量问题，本社销售中心负责调换。

定　　价：48.00 元

前　言

　　近几十年来，随着我国经济的快速发展，城市规模的不断扩增，城市河道污染问题日益严重。黑臭的河水不仅使城市风光黯然，而且直接威胁到城市居民的身心健康，制约城市的可持续发展。尽管各地为改善城市河道水环境采取了多项措施，现状依然严峻。而且，随着城市化进程的加剧，城市污水排放量将不可避免地呈现上升趋势，城市河道生态环境压力巨大。由于城市河道多渠道化，水流不畅、污泥淤积，导致河道自净功能严重退化，因此，寻求高效、安全、易行的城市污染河道水质净化技术，恢复退化的河流生态系统刻不容缓。其中，生物-生态修复技术由于具有安全性、经济性、实用性、系统性等诸多优点成为河流污染治理的主要技术手段，特别是对于受到严重污染的"荒漠化"河道，生物-生态修复已经成为许多城市河道水环境治理的关键技术。

　　其中，仿生植物作为一种新的生态修复技术，弥补了传统的生物-生态修复技术在水污染治理中的瓶颈，为严重污染的城市河道生态修复提供了新的技术手段。仿生植物，又称为"人工水草"或"生态填料"，即模仿天然水草形态及水生植物在水质净化中的主要功能，将自然水体中的生物膜技术与传统污水处理的填料技术结合起来，通过各种纤维加工形成新型水处理材料，在严重污染的"荒漠化"河道中构建"水下森林"，为污染水体中土著微生物提供适宜的栖息场所，促使微生物聚集、生长、繁殖、代谢，从而降解污染物，达到水质净化的目的。其具有以下方面的优势：具有巨大的比表面积，可为多种生物提供栖息附着场所；不受季节影响，可避免水生植物季相交替所造成的水质动荡变化；不受水体污染程度的制约，可避免水生植物在透明度低、溶解氧低以及污染物浓度高的水体中生长不良、根系短小的现状；可重复使用。基于以上特点，仿生植物自问世以来，迅速得到了广泛的研究和实际应用。

　　基于此，本书以仿生植物为研究对象，在镇江市古运河流域开展了一系列的野外原位挂膜试验以及室内模拟试验，旨在探讨仿生植物附着生物膜在污染水体中的生长特性，阐明仿生植物附着生物膜对污染河流氮素降解的效果及机理，同时揭示环境因子对仿生植物附着生物膜脱氮效能的影响，最终有望为利用仿生植物附着生物膜修复城市污染河道水质提供技术指导和理论依据。

本书是作者近几年针对仿生植物开展的系列研究过程中所获得的第一手资料的汇总与集成。本书中涉及的相关研究项目受以下基金的资助，包括：国家自然科学基金（51109097），江苏省基础研究计划（自然科学基金）面上研究项目（BK2011520）以及中国博士后科学基金（20100481095）。此外，江苏大学专著出版基金以及江苏省水利科技项目（2016050）共同资助了本书的出版，在此表示衷心的感谢。

江苏大学张珂、王晓娟、刘彪、李义敏、张金萍以及王旻等同学直接参与了本书所涉及的相关试验研究工作，并为本书中的样品采集、试验分析、数据整理等作出了大量的努力；此外，相关课题完成以及本书写作过程中，得到了陈志刚、解清杰、储金宇、肖思思、许小红等同志的大力支持与帮助，在此表示衷心的感谢！

本书基础数据来源于"仿生植物对污染河道净化技术及机理"课题，在该课题研究及课题验收等过程中，得到了王国祥、杨柳燕、郭文禄、曹琴、顾维等专家的指导；在课题研究及其成果推广过程中，得到了江苏同盛环保技术有限公司的大力支持，在此表示衷心的感谢！

由于作者水平有限，书中难免有错误或不妥之处，恳请各位专家及读者不吝赐教。

作者

2018 年 3 月

目 录

第1章 概 述

第2章 研究区域及研究方法

第3章　仿生植物附着生物膜对水质净化效果研究

第4章　仿生植物附着生物膜对氮素的降解效能分析

第5章　环境因子对仿生植物附着生物膜对氨氮降解效能的影响

第 6 章 仿生植物附着生物膜的特性研究

第7章 仿生植物的管理与维护

第8章 结论与展望

参考文献

第1章

概　述

1.1　当前我国河道水污染现状及治理瓶颈

城市的形成和发展与河流息息相关。巴黎的塞纳河、伦敦的泰晤士河、纽约的哈得孙河、上海的苏州河以及南京的秦淮河等都是所在城市社会、经济发展的血脉（宋庆辉等，2002）。城市河流作为城市生态平衡的重要因素，是城市景观中重要的自然地理要素，更是重要的生态廊道之一（岳隽等，2005），同时也是城市的绿色生命线，具有供应水源、防洪排涝、水路运输、旅游娱乐、提供绿地、美化环境、调节气候、保持自然生态、文化娱乐等多项功能，对减弱城市热岛效应，丰富城市景观多样性和城市物种多样性，拓展城市发展空间，为市民创造文体娱乐与亲近自然的空间起到了不可替代的关键作用（许木启等，1998；刘晓涛，2001）。

然而，随着经济的迅速发展、人口的增加、工业化和城市化步伐的加快，城市规模日益膨胀，导致城市对水资源的需求和依赖不断增大，随之带来的水质恶化也日益严重，许多河流水体颜色、气味均出现不同程度的恶化，部分河道甚至成为污水通道，导致水体出现溶解氧减少、营养物质增多、水温变幅加大、环境容量减小等河流生态系统退化的症状，水质的恶化造成河道内鱼虾等生物基本绝迹，水生生物群落结构简单化、生物多样性下降，特别是一些对人类有益的或有潜在价值的物种消失等严重后果；同时，河流两岸用于堤防、护岸的建筑、桥梁等人工景观建筑物强烈改变了城市河流的自然景观，使得河岸边生态环境严重破坏、生物栖息地消失以及由于水质污染带来的河流生态功能的严重退化，造成了河流自然性以及其美学价值的大大降低。城市河道生态系统的日益退化，生态功能的不断削弱，景观质量的下降，严重影响了城市河道两岸居民的身心健康（白晓慧，2001），已对人类生存和社会经济发展构成越来越严重的威胁，因此，关于城市河流的整治已经成为全社会关注的重大环境问题。与此同时，治理城市河道污染、恢复退化的河流生态系统亦成为当前水生生态系统领域研究的热点。

面对日趋严重的河流污染现状，我国已开展了包括河道清淤、引水稀释、河道曝气、生物修复等在内的各种措施来改善城市河道的水环境质量，但是现状依然非常严峻。由于我国许多城市河道多渠道化，水流不畅、污泥淤积，河道自净功能严重退化，导致以上措施在实际应用中尚存在诸多不足。比如对城市河道而言，由于其水体水流较慢，污染物浓度较高，如果采用引水冲刷、曝气等物理手段进行净化，成本过高，且治标不治本。因此寻求高效、安全、易行的适合城市河道治理的生物-生态修复技术成为河道治理的前提。其中，生物-生态修复技术是当前城市河道水体污染治理的关键技术之一，具有安全性、经济性、实用性、系统性等诸多优点，成为河流污染治理的主要技术手段，特别是对于受到严重污染的"荒漠化"河道，生物-生态修复技术已经成为许多城市河道水环境治理的关键技术（Wu，2011；Zhou，2008；Kouki，2009）。

目前，生物-生态修复技术主要包括人工湿地（Gerke S 等，2001；白军红等，2005）、氧化塘（Sooknah 等，2004）、缓冲带（尹澄清等，1995）、物理生态工程（濮培民等，1997；王国祥等，1998；Wang 等，2009）、生态浮床（宋祥甫等，1998；Mohan 等，2010；Sun 等，2009；Zhu 等，2011）等技术。生物-生态修复技术主要依靠植物的根、茎、叶等组织对氮磷等营养元素的吸收、同化，以及植物根系附着微生物的降解、转化、分解等作用去除污染物，从而达到水质净化的目的，因此植物的良好生长以及植物根系附着微生物是生物-生态修复技术的核心和关键。然而，我国城市河道低氧、低透明度、高氨氮的污染现状，成为水生植物生长的胁迫因子，使得水生植物生长不良，甚至无法生长，由此导致水体异质性差，水体中土著微生物缺少栖息附着场所，城市河道呈现出一片"荒漠化"的景观，严重影响城市河道的自净能力（图 1.1）。基于以上现状，近年来开展了包括生态浮床（Zhou 等，2008；Li 等，2010；Hu 等，2010；Sun 等，2009）等在内的一系列生态工程实现对污染河道水质的强化净化，已取得了一些成果。然而，由于我国城市土地资源非常紧缺，建立足够面积的人工湿地、缓冲带等在现阶段可能还难以实现，而生态浮床虽然能实现对水体污染物的原位治理，但浮床植物却面临着根系生长短小（图 1.2）、植物在非生长季节衰亡带来的二次污染、浮床管理等一系列问题（周晓红，2009），成为限制该技术规模化应用的主要瓶颈，因此，寻求新的技术手段修复已严重退化的城市河道生态系统迫在眉睫。

图 1.1　污染水体的水生植物退化现状

图 1.2　生态浮床植物在重污染水体中根系生长短小现状

1.2　仿生植物应用于水质净化中的可行性和必要性分析

　　仿生植物的出现，则弥补了传统的生物-生态修复技术在水污染治理中的瓶颈，为严重污染的城市河道生态修复提供新的技术手段。仿生植物，又称为"人工水草"或"生态填料"，即模仿天然水草形态及水生植物在水质净化中的主要功能，将自然水体中的生物膜技术与传统污水处理的填料技术结合起来，通过各种纤维加工形成新型水处理材料，在严重污染的"荒漠化"河道中构建"水下森林"，为污染水体中土著微生物提供适宜的栖息场所，促使微生物聚集、生长、繁殖、代谢，从而降解污染物，达到水质净化的目的。仿生植物作为一种新的水生态修复技术，具有独特的优势：①具有巨大的比表面积（据报道，$1m^2$ 的仿生植物能够提供高达 $245m^2$ 的表面积），并能够营造出适宜各种生物生存的生态微环境（张小东等，2008）；②不受季节影响，可避免水生植物季相交替所造成的水质动荡变化；③不受水体污染程度的制约，可避免水生植物在透明度低、溶解氧低以及污染物浓度高的水体中生长不良的现状；④可重复使用。基于以上特点，仿生植物自问世以来，迅速得到了广泛的研究和实际应用。

仿生植物是以河流生态系统中的水生植物为原型，通过各种纤维加工形成的新型水处理材料（田伟君，2005，2008；宋英伟等，2008）。通过仿生植物来模拟水生植物在污染河道生态修复中的功能。仿生植物巨大的表面积为污染水体中的土著微生物提供适宜的栖息场所，促使微生物聚集、生长、繁殖、代谢，从而降解污染物，达到重建健康的河流生态系统的目的（周晓红等，2012；夏四清等，2003；陈志刚等，2011）。因此，仿生植物技术为河道污染治理提供了新的思路。仿生植物作为新型水处理技术，在当前严重恶化的城市河道水质净化方面已越来越多地受到人们的关注。

现有研究表明仿生植物对重污染河道水质具有较好的净化效果。如田伟君等模仿水生植物臭轮藻的形态设计出新型生物填料，在林庄港河道挂膜运行半年后发现，附着在填料丝上的亚硝酸菌和硝酸菌的数量与氨氮去除率变化相匹配，而且对水体氨氮具有较好的去除效果。肖羽堂等研究则表明，在水体浊度 $90\sim300$ NTU、NH_4^+-N $0.5\sim10mg/L$、COD_{Mn} $4.0\sim10.8mg/L$ 条件下，仿生植物附着生物膜生物相丰富，包括了好氧的异养菌、自养菌以及大量的丝状菌，线虫类、轮虫类以及寡毛虫类的微型动物等，这些微生物可在生物膜上形成更高级的食物链，通过生物共生机制，实现去除污染物的目的。宋英伟等采用弹性生物填料和水体曝气复合的方法，对北京某疗养院 $5000m^2$ 景观水进行提高透明度和降低水中营养盐的试验研究。其研究结果为水体透明度从 25cm 提高到 120cm，TN、NH_4^+、NO_3^-、TP 浓度分别降低 22.4%、86.6%、90% 和 73.3%，水体 DO 含量由 4.3mg/L 增加到 7mg/L，水体透明度的提高最终为沉水植物以及健康的水生生态系统恢复创造了非常有利的条件。刘波等选用 3 种材料制作的仿生植物进行原位和专有菌株的挂膜培养试验用以考察对污染水体的净化效果，其结果表明：原位培养对于 COD 的去除较好，去除率可达 76.92%，专有菌株培养对氨氮的去除较好，去除率达到了 91.47%，2 种挂膜方式对 TP 的去除率相近，分别为 73.04% 和 70.43%。周勇等将生物填料应用于城市重污染河道治理，研究了随时间的推移，填料垂直方向上生物膜的膜量、膜组成、膜活性变化规律以及生物填料对水质的改善效果，结果表明在挂膜进行到第 40 天，当悬挂密度为 24 根/m² 时，对水质改善达到最佳效果，对 TN、TP、COD、叶绿素 a、浊度的去除率分别为 53%、35%、50%、5%、44%。魏巍等将一种新型悬浮填料应用于水库原水的原位生物脱氮处理系统中，采用菌液对该填料进行人工加速挂膜，考察了该系统的生物降解过程及脱氮效果，结果表明在水温为（23±2）℃、DO 为 3.0～4.0mg/L 以及原水 COD_{Mn}、NH_4^+-N、NO_2^--N、NO_3^--N、TN、TP 分别为 5.50mg/L、0.24mg/L、0.008mg/L、1.690mg/L、2.120mg/L、0.06mg/L 的条件下，系统对 COD_{Mn}、NO_3^--N、TN 均有较好的去除效果，运行 28 天后去除率分别为 21%～27%、50%～76%、50%～78%，整个运行期间对 NH_4^+-N 的去除率基本在 45%～92% 之间。可见，该技术应用到自然水体时，可实现对水质的强化净化。

仿生植物在有效地净化河流污染水体的同时，还具备以下特点：①不影响河流的航运和泄洪等功能；②不破坏河流生态系统；③适合河流复杂多变的水流条件；④比表面积大，空隙率高；⑤化学与生物稳定性强，不溶出有害物质；⑥价格便宜，便于安装。因此，仿生植物具有实际的可操作性和较强的实用价值，在河流生态修复中具有广阔的应用前景。

1.3　研究目标

基于此，以不同填料为原材料所制成的仿生植物为载体，在镇江市古运河干流及其主要支流开展野外原位挂膜试验以及室内模拟试验，旨在探讨仿生植物附着生物膜在污染水体中的生长特性，阐明仿生植物附着生物膜对污染河流氮素降解的效果及机理，同时揭示环境因子对仿生植物附着生物膜脱氮效能的影响，最终为利用仿生植物附着生物膜技术修复城市重污染河道水质提供技术指导和理论依据。

1.4　研究内容

① 仿生植物附着生物膜对水质净化效果的研究；
② 仿生植物附着生物膜对污染水体氮素降解效能研究；
③ 环境因子对仿生植物附着生物膜对氨氮降解效能的影响；
④ 仿生植物附着生物膜的特性研究。

1.5 技术路线

课题研究的技术路线图如图1.3所示。

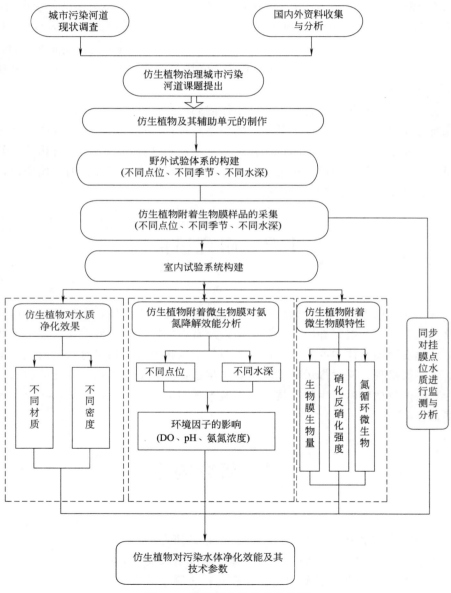

图 1.3 课题研究的技术路线图

第2章

研究区域及研究方法

2.1 研究区域概述

2.1.1 研究区域自然环境介绍

研究区域位于江苏省镇江市。镇江市处于江苏省西南部,长江下游南岸,地处长江三角洲的顶端,西邻南京,东南接常州,北滨长江,与扬州、泰州隔江相望,是国家历史文化名城,长江下游重要的港口、工贸、风景旅游城市。研究区域属于北亚热带季风气候区,年平均温度15.6℃,年平均降水量1088.2mm,该区域四季分明,温暖湿润,热量丰富,雨量充沛,无霜期长,降水主要集中在5—9月,占全年总降水量的60%~80%。

2.1.2 镇江市古运河

镇江市古运河起源于金山湖,由长江入口平政桥至谏壁三汊河口入京杭大运河,其水源受长江补给。古运河是镇江市最长以及最古老的一条人工河流(Zhou等,2016),全长16.69km,汇水面积80.81km²,平均水深4~6m,分为上、中、下三段,其中上段贯穿镇江市区。古运河是镇江老城区最大的受纳水体,亦是镇江市的母亲河,在镇江城市景观构建中发挥着巨大的作用。古运河的主要支流有周家河、四明河、团结河、玉带河等,均以古运河为一级受纳水体(表2.1)。古运河在平政桥、丹徒、谏壁河口各设有节制闸一座,因此其属于受控水体,水动力条件较为稳定,受降雨等影响较小。

表2.1 古运河水系基本情况介绍

流域名称	面积/km²	流域名称	面积/km²
宝塔山西北市区	15.39	宝塔山以东,玉带河、丹徒镇以西	9.66
周家河	4.15	丹徒镇以东及团结河以东	9.50
四平河	19.11	合计	80.8
团结河	22.99		

近年来,随着镇江市经济的快速发展、城市规模的扩大以及人类活动的增强,古运河水质恶化严重,生态环境受到了严重的退化,导致古运河成了典型的城市黑臭河流。虽然,自20世纪90年代以来,镇江市对古运河水体陆续进行了污水截流工程等,基本消除了旱季污水入河问题,然而由于目前镇江市内除一些新建地区采用雨污分流排水体制外,其余地区大部是合流制排水管道系统,晴天时输送城市污水,雨天时则输送雨污混合,当暴雨雨量超过合流管道的设计能力时,过量的雨污混合水从合流管道的溢流口或合流泵站溢出,排入古运河,造成古运河水体的严重污染。特别是久晴之后暴雨的初期,下雨后1~2h内,雨污水携带了很多管道沉积物和诸如汽车尾气、降尘等地面垃圾,对水环境的污染严重。据统计,古运河沿线的10座合流泵站每年排入古运河的水量约8.5×10⁵m³,COD_{Cr}负荷约102t,是古运河的主要污染源之一。因此,当前古运河的主要污染源包括溢流污染,污水泵站以及降雨所产生的径流污染等(表2.2)。污染物包括有机物、氮磷营养盐等。此外,根据地表水环境质量标准(GB 3838—2002),古运河水质处于Ⅴ类及劣Ⅴ类以下。

表2.2 古运河中山桥溢流口污染排放情况(部分数据)

日期	降雨历时 /min	降雨量 /mm	平均降雨强 /(mm/min)	溢流量 /L	溢流污染物 排放总量/kg
2010-7-16	443.4167	80.93	0.16	5462	0.535
2010-7-24	485.8333	90.46	0.27	9383	1.150
2010-8-23	25.616	50.275	0.48	832	0.189
2010-8-31	169.8833	74.29	0.77	4282	0.183

2.2 仿生植物原材料选择及其辅助单元的制作

2.2.1 仿生植物原材料的选择

经过前期文献调研并结合预试验结果,选择了立体弹性填料、组合填料、软性填料、半软性填料以及悬浮填料共五种材料作为仿生植物制作的主要原材料,五种填料购买自宜兴市某环保公司。

2.2.2 仿生植物的设计与制作

仿生植物的设计方法为：以五种填料为纬条（模仿水生植物叶）、铁丝制成的支杆为经条（模仿水生植物茎），通过带锁扣的尼龙扎带将五种填料分别固定到铁丝上而形成节点（模仿水生植物节），其中组合填料、悬浮填料、半软性填料、软性填料分别在每个填料节点固定，填料间隔均为10cm；立体弹性填料每隔10cm使用尼龙扎带在铁丝上固定一个节点。仿生植物的支杆高度设计为1m，计为1株。

2.2.3 仿生植物布设的辅助单元

仿生植物布设的辅助单元框架采用铁丝或毛竹等材料制成的网格状框架结构，框架结构的每个网格节点均通过细铁丝固定一株仿生植物，一个辅助单元可"栽种"多株仿生植物（图2.1、图2.2）。考虑城市河道水深等特征，单株仿生植物高度设计为1m。

(a)　　　　　　　　　　　　　　(b)

图2.1　仿生植物原材料及其辅助支架的制作（部分图片）

图2.2　制作好的仿生植物及其辅助单元（部分图片）

2.3 试验设计

2.3.1 仿生植物附着生物膜对水质净化效果的研究

该部分试验目的在于评价所选的五种原材料对水质的净化效能，包括野外挂膜和室内净化试验两个阶段。

野外挂膜点位位于镇江市古运河支流——玉带河，该河流经江苏大学校内，主要污染源为生活污水，河水发黑发臭，属于典型的城市黑臭河流。2011 年 10 月将制作好的仿生植物及其辅助单元通过固定装置布设到玉带河中进行动态挂膜，根据前期预试验结果并结合挂膜期间玉带河水质参数的变化情况（表 2.3），挂膜周期约 40 天，待挂膜结束后，将网状支架连同仿生植物一起取出，随机剪取挂膜成功的仿生植物，迅速带入实验室，用于室内净化试验研究。野外挂膜期间，每 3 天采集玉带河挂膜河段不同水深处（水下 10cm、水下 50cm、水下 80cm）水样进行水质分析（TN、NH_4^+-N、NO_3^--N）及理化因子（溶解氧、pH、温度）的原位测定。

表 2.3 挂膜期间玉带河水质变化

水质参数	水温	DO /(mg/L)	pH	NH_4^+-N /(mg/L)	NO_3^--N /(mg/L)	TN /(mg/L)
水下 10cm	15.6	2.89	7.25	16.26	3.53	20.18
水下 50cm	14.2	2.53	7.94	15.94	3.29	21.71
水下 80cm	16.9	1.85	7.56	20.58	3.77	23.65

室内试验：试验容器为直径 60cm、高 70cm 的塑料圆桶（图 2.3）。试验共构建 16 个独立的系统，将野外成功挂膜的不同材质的仿生植物分别按 1 株/桶（7 株/m³）、2 株/桶（13 株/m³）、3 株/桶（20 株/m³）的密度种植，共计 15 组，另设 1 组无仿生植物的空白水体作为对照。试验所用水体依据江苏省南京、镇江等多条城市重污染河道多年平均水质参数模拟配置而成，水质指标为 TN：20mg/L，NH_4^+-N：15mg/L，TP：2mg/L，COD：100mg/L。试验开始前，分别向各试验系统中注入 150L 试验水体。室内试验阶段，每 3 天对各系统中水样按 5 点法采用虹吸管吸取水下 25cm 处水样各 100mL，混合成一个待测样品。同时，每天对各系统水体溶解氧、pH、温度按照 5 点法在不同水深处进行原位监测，以上三个指标按照 5 点监测平均值计算。

图 2.3　室内试验图片（部分图片）

2.3.2　仿生植物附着生物膜对污染水体氮素降解效能研究

该部分试验目的在于评价仿生植物附着生物膜对水体氮素的降解能力，包括野外挂膜和室内试验两个阶段。

2.3.2.1　野外试验场所及样点选择

在对镇江市古运河水质监测的基础上，在古运河干流及其支流上共选择 4 个样点进行仿生植物的现场挂膜，挂膜点位地理坐标如表 2.4 所示。

表 2.4　野外挂膜点位地理坐标

地点	坐标	地点	坐标
古运河河口	32°13′9″N,119°25′56″E	古运河支流团结河	32°10′50″N,119°30′11″E
古运河解放桥	32°11′55″N,119°27′2″E	古运河支流玉带河	32°11′53″N,119°30′19″E

挂膜期间对以上 4 个样点的水质参数进行动态监测，监测指标包括温度、氨氮（NH_4^+-N）、硝态氮（NO_3^--N）、亚硝态氮（NO_2^--N），以获得 4 个挂膜样点水质理化参数的背景值。

2.3.2.2　仿生植物的野外挂膜

将"栽种"好的仿生植物及其辅助单元分别置于研究区域的 4 个样点。仿生植物放置及其采样时间如表 2.5 所示。

表 2.5　仿生植物放置及其采样时间

仿生植物放置时间	仿生植物附着生物膜采样时间	仿生植物放置时间	仿生植物附着生物膜采样时间
2012.04	2012.05(春季)	2012.09	2012.11(秋季)
2012.06	2012.08(夏季)	2012.12	2013.01(冬季)

　　具体采样方法为：从挂膜点取出仿生植物辅助单元，随后在每个辅助单元随机选择 4 株仿生植物，用剪刀剪取不同高度（自仿生植物顶端向底部的方向，即沿水面向水下的方向，每隔 20cm）处的仿生植物样品，置于塑封袋中，迅速带回实验室后，放入－20℃冰箱冷藏，试验前通过冷冻干燥仪冷干处理，供后续试验使用。

　　仿生植物挂膜及其附着生物膜样品采集如图 2.4 和图 2.5 所示。

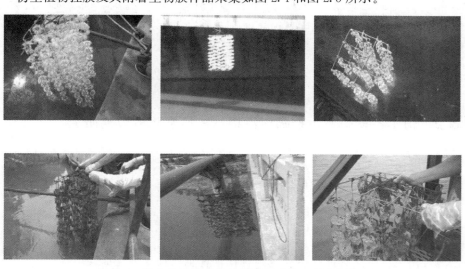

图 2.4　仿生植物附着生物膜样品采集（部分图片）

图 2.5　仿生植物试验样品的采集（部分图片）

野外挂膜期间，定期采集挂膜河段不同水深处（水下 10cm、水下 50cm、水下 80cm）水样进行水质分析（TN、NH_4^+-N、NO_3^--N）及理化因子（溶解氧、pH、温度）的原位测定。

2.3.2.3　仿生植物附着生物膜氮素含量测定

选择 2.3.2.2 中采集到的不同季节及不同水深处的仿生植物附着生物膜样品，测定其附着生物膜中氨氮、亚硝态氮和硝态氮的含量。试验体系如下：试验容器为 300mL 锥形瓶，内置 1g 冷干后的仿生植物样品和 150mL 双重蒸馏水，经 30min 搅拌、30min 静置过程后，分别测得水溶液中的 NH_4^+-N、NO_2^--N 及 NO_3^--N 含量。

以上各处理分别做三组平行试验，计为三次重复。

2.3.3　挂膜季节及其水深对仿生植物附着生物膜对氨氮降解效能影响的试验设计

选择 2.3.2.2 中采集到的不同季节及不同水深处的仿生植物附着生物膜样品，测定其对污染水体中氨氮的去除效能，本部分的试验设计如下。

挂膜季节试验设计：分别选取不同挂膜地点在不同季节挂膜后的仿生植物的中间段（40～60cm）进行培养试验，按照氨氮降解能力的大小可以获得最佳的挂膜季节。

不同水深试验设计：分别选择不同水深处的仿生植物样品（0～20cm、40～60cm、80～100cm）进行培养试验，按照氨氮降解能力的大小获得最佳的挂膜水深。

以上两部分试验的培养体系如下：试验容器为 1L 烧杯，内置 500mL 试验水体和 1g 冷干后的仿生植物样品，试验水质配方为（NH_4)$_2SO_4$ 95mg、$NaHCO_3$ 230mg、KH_2PO_4 17.5mg、$MgSO_4$ 5mg、$ZnSO_4$ 0.9mg、$FeSO_4$ 0.5mg、双蒸水 1000mL。试验过程中每天采用间歇曝气方式供氧（气流条件为 3L/min，8：00—9：00、20：00—21：00，各 1h），温度始终保持在 30℃，pH 为 7.2。培养时间为 10 天。在试验期间，每 2 天采集试验水样过 $0.22\mu m$ 滤膜，测定滤液中 NH_4^+-N 和 NO_3^--N 含量，然后通过培养前后的硝酸盐氮浓度值计算仿生植物附着生物膜的硝化作用强度。培养过程中，同步测定无仿生植物的空白系统作为对照。

以上各处理分别做三组平行试验，计为三次重复。

2.3.4　环境因子对仿生植物附着生物膜对氨氮降解效能影响的试验设计

选择 2.3.2.2 中采集到的不同季节及不同水深处的仿生植物附着生物膜样

品，研究环境因子对仿生植物附着生物膜对氨氮降解效能的影响，本部分的试验设计如表 2.6 所示。

表 2.6　环境因子对仿生植物附着生物膜降解效能的试验设计

试验因子	水平		
曝气试验	曝气	非曝气	曝气
pH	4～5	7～8	10～11
氨氮浓度	20mg/L	200mg/L	400mg/L

通过单因子试验获得不同环境因子影响下仿生植物附着微生物对氮素的去除效能，主要的环境因子包括 pH、DO 以及氨氮初始浓度，各因子设定的水平分别为曝气、非曝气；pH：4～5、7～8、10～11；氨氮浓度：20mg/L、200mg/L、400mg/L 进行试验。其中，曝气组通过间歇曝气方式供氧（气流条件为 3L/min，8：00—9：00、20：00—21：00，各 1h）；非曝气组则在整个试验过程中均不曝气，非曝气组在试验过程中 DO 含量较低，系统呈现厌氧状态。

具体试验系统如下：试验容器为 1L 烧杯，内置 500mL 试验水体和 1g 冷干后的仿生植物样品，试验水质配方为（NH$_4$）$_2$SO$_4$ 95mg、NaHCO$_3$ 230mg、KH$_2$PO$_4$ 17.5mg、MgSO$_4$ 5mg、ZnSO$_4$ 0.9mg、FeSO$_4$ 0.5mg、双蒸水 1000mL。试验水温始终保持在 30℃，培养时间为 10 天，在试验期间，每 2 天采集试验水样过 0.22μm 滤膜，测定滤液中 NH$_4^+$-N 和 NO$_3^-$-N 含量，然后通过培养前后的硝酸盐氮浓度值计算仿生植物附着生物膜的硝化作用强度。

以上各处理分别做三组平行试验，计为三次重复。

2.3.5　仿生植物附着生物膜的净化机制研究试验设计

该部分试验分别于 2009 年 11、12 月（冬季）和 2010 年 5、6 月（夏季）在江苏大学环境学院实验室内进行。试验装置为直径 60cm、高 100cm 的塑料桶，有效容积约为 282L。试验前，向试验容器中注入 260L 试验水体，后分别将"栽种"有仿生植物的辅助单元垂直放入试验容器中，仿生植物的辅助铁丝网通过固定装置固定到试验容器顶部，构建试验系统。试验水体采自玉带河原水。试验期间每天补充20％原水到试验系统中进行挂膜。试验期间试验系统内水质指标如表 2.7 所示。

采样点选择及采样频率：每种不同填料的仿生植物分别选择 3 个采样点，具体为距水面 10cm、距水面 50cm、距水面 80cm。采样频率 2 次/周。

仿生植物附着生物膜采集方法：采用灭菌后的剪刀，在各采样点剪取定量的仿生植物，快速置于无菌瓶中，用无菌刷获得仿生植物附着生物膜，于 4℃ 条件下冷藏保存，并尽快测定仿生植物附着生物膜的硝化作用强度、反硝化作用强度、生物膜质量等指标。

表 2.7　试验期间试验系统中水质情况

项目	冬季			夏季		
	最大值	最小值	平均值	最大值	最小值	平均值
pH	7.9	7.2	7.6	7.8	7.2	7.5
水温/℃	11.2	7.0	9.1	26.3	21.0	23.65
DO/(mg/L)	3.9	0.6	2.25	3.6	1.3	2.45
COD_{Cr}/(mg/L)	120	86	103	98	32	65
NH_3-N/(mg/L)	15.14	11.37	13.26	17.87	9.13	13.5
NO_3^--N/(mg/L)	0.58	0.08	0.33	0.27	0.09	0.18
TP/(mg/L)	2.4	1.6	1.0	2.6	1.4	1.5

　　水体主要环境因子的现场原位监测：在各采样点原位测定水体主要环境因子，包括溶解氧（DO）、pH、温度，同时采集水样进行水质指标的分析，包括 COD_{Cr}、NH_3-N、NO_3^--N、TN、TP。

2.4　指标测定

2.4.1　水质理化指标测定方法

　　水质指标测定分析方法参照国家环境保护总局编制的《水和废水监测分析方法》（第四版），具体方法见表2.8。

表 2.8　水质检测的指标及方法

分析检测项目	分析方法	分析检测项目	分析方法
COD_{Cr}	重铬酸钾法	TN	碱性过硫酸钾-紫外分光光度法测定
NH_4^+-N	纳氏试剂法	DO	YSI-55 便携式溶氧仪
NO_3^--N	酚二磺酸分光光度计法	水温	HI 98128 快速 pH 测定仪
NO_2^--N	N-(1-萘基)-乙二胺分光光度法	pH	HI 98128 快速 pH 测定仪
TP	钼锑抗分光光度法		

2.4.2　仿生植物附着生物膜的生物量测定

　　生物量通过过滤、烘干、称重法进行测定。具体为：剪取相同数量的仿生植物及其附着生物膜并置于无菌瓶中，用无菌水反复冲洗仿生植物附着的生物膜，随后将冲洗下来的生物膜通过孔径为 $0.45\mu m$ 的微孔滤纸过滤，然后滤纸置于 $120℃$ 的烘箱内烘至恒重后称重。通过滤纸质量及其仿生植物的单位质量来计算其附着生物膜的生物量（单位为 g/g）。其中，生物膜生物量的增长速率按式（2.1）计算：

$$v = \frac{a_2 - a_1}{t} \times 1000 \qquad (2.1)$$

式中，v 为单位时间内生物量的增长量，mg/(g·d)；a_1 为初始生物量，g/g；a_2 为培养终止时的生物量，g/g；t 为培养时间，d。

2.4.3 仿生植物附着生物膜硝化作用强度测定

仿生植物附着生物膜的硝化作用强度以单位质量（1kg）冷干样品单位时间（1d）内产生的 $NO_3^- \text{-N}$ 的量（mg）表示（郑仁宏，2007；吕艳华，2008）。公式如下：

$$w = \frac{(c_2 - c_1) \times (V_1 + V_2)}{t \times m \times k} \qquad (2.2)$$

式中，w 为单位时间内单位质量填料所产生的 $NO_3^- \text{-N}$ 量，mg/(kg·d)；c_1 为初始溶液中 $NO_3^- \text{-N}$ 浓度，mg/L；c_2 为培养一定时间后溶液中 $NO_3^- \text{-N}$ 浓度，mg/L；t 为培养时间，d；V_1 为培养液体积，L；V_2 为新鲜填料样品中水分的体积，L；m 为样品质量，kg；k 为水分系数。

2.4.4 仿生植物附着生物膜反硝化强度测定

剪取约 0.2g 的生物膜，置于 150mL 三角瓶中，加入 50mL 含 $NO_3^- \text{-N}$ 培养液（25mg/L），并用保鲜膜或橡皮塞密封，放置于恒温培养箱（25℃）中密封避光培养 24h，取悬浮液离心或过滤，测定上清液中 $NO_3^- \text{-N}$ 的含量。$NO_3^- \text{-N}$ 培养液配制：KH_2PO_4 溶液 0.2mol/L，K_2HPO_4 溶液 0.2mol/L，KNO_3 溶液 0.03mol/L，葡萄糖 0.02mol/L，最后按体积比 3:7:30:10 配制，并用 H_2SO_4 或 NaOH 稀溶液调制 pH 为 7.2 左右（王晓娟等，2006）。用培养前后 $NO_3^- \text{-N}$ 浓度的变化来计算生物膜硝化作用的强度，按式（2.3）计算：

$$\omega_2 = \frac{(c_2 - c_1) \times (v_1 + v_2)}{t \times m \times k} \qquad (2.3)$$

式中，ω_2 为单位时间内单位质量的生物膜所产生的 NO_3^--N 量，mg/(kg·h)。

2.4.5 仿生植物附着生物膜氮循环功能菌群分析

生物膜氮循环细菌的培养计数参照《土壤微生物分析方法手册》中的方法（许光辉，1986）测定，具体方法如下：称取挂膜成功后的仿生植物附着生物膜约 0.1g，快速放入含有 50mL 无菌水的无菌玻璃瓶内，充分振摇后制成菌悬液，后按 10 倍做一系列稀释度的菌悬液备用。

（1）氨化菌的计数 氨化菌的计数采用平板法进行培养测定，其中培养基的成分如下所示：蛋白胨 5g，K_2HPO_4 0.5g，NaCl 0.25g，KCl 0.3g，$MgSO_4$·$7H_2O$ 0.5g，$FeSO_4$ 0.01g，琼脂 20g，蒸馏水 1000mL，pH 7.2，装于 1000mL 烧瓶，0.1MPa 灭菌 20min。

将融化好并冷却到 55℃ 的培养基倒入灭菌过的培养皿中，每皿 13～15mL。凝固后，在 65～70℃ 烘箱内烘烤 15～20min，以除去水分，制成平板。将稀释度 10^{-3}、10^{-4}、10^{-5} 的菌悬液 0.05mL，分别滴加到琼脂培养基的表面，用玻璃刮刀刮匀后，于 28℃ 恒温培养箱中培养，每个稀释度接种两个平板，5d 后取出进行观察计数。再换算到填料丝或填料块单位质量上所含有的氨化菌数量（个/g）。

（2）硝化细菌的计数 硝化菌的计数采用平板法进行，其培养基组分如下：$NaNO_2$ 1g，Na_2CO_3 1g，NaCl 0.5g，K_2HPO_4 0.5g，$FeSO_4$ 0.4g，琼脂 20g，蒸馏水 1000mL，pH 7.2，装于 1000mL 烧瓶，0.1MPa 灭菌 20min。

其制平板法与用平板法培养氨化菌的方法相同。将稀释度 10^{-3}、10^{-4}、10^{-5} 的菌悬液 0.05mL，分别滴加到已制好的培养基的表面，用玻璃刮刀刮匀后，于 28℃ 恒温培养箱中培养，每个稀释度接种两个平板，14 天后取出进行观察计数。再换算到单位质量上所含有的硝化菌数量（个/g）。

（3）反硝化菌的计数 反硝化菌采用多管发酵法进行培养计数。培养基成分如下：牛肉浸膏 3g，蛋白胨 5g，KNO_3 1g，蒸馏水 1000mL，pH 7.2，每试管（15mm×150mm）中装 10mL 左右培养基，在培养基中倒放一小玻管（杜氏发酵管），0.1MPa 灭菌 20min。

取 10^{-1}、10^{-2}、10^{-3}、10^{-4}、10^{-5} 的菌悬液 1mL，接种于培养基管中，每个稀释度接种 3 管。另有一管接种无菌水作为对照。28～30℃ 培养，14d 后检查是否有菌生长，如有细菌生长，则有气泡出现，培养液变浊。同时用奈氏试剂检查是否有氨产生，其法是于白瓷比色板上滴培养基 5 滴，加上奈氏试剂 2 滴，如有 NH_3 存在，则呈黄色或褐色沉淀。再用格利斯试剂检查是否有 NO_2^- 出现，并用二苯胺试剂检查是否有 NO_3^- 出现，根据测得数量指标结果，按常法根据数量指标及菌悬液浓度换算成填料丝或填料块单位质量上所含有的细菌总数（个/g）。

2.5　数据处理与统计

采用 SPSS 和 Microsoft Excel 进行数据的处理，并采用 One-Way ANONY 分析不同处理组的差异显著性。

第3章

仿生植物附着生物膜对
水质净化效果研究

本章内容主要研究不同材质的仿生植物在不同种植密度条件下，对水体氨氮、总磷、COD 等的净化效果，力求获得仿生植物在野外应用时的适宜种植密度等技术参数。

3.1 仿生植物对水体氨氮去除效果分析

3.1.1 不同材质仿生植物对水体氨氮去除效果分析

图 3.1 为五种不同材质的仿生植物（密度为 7 株/m³）试验系统中氨氮浓度的变化规律。由图可知，在同样的种植密度下，五种仿生植物系统内水体氨氮浓度变化有明显差异，立体弹性、组合填料、半软性填料、软性填料以及悬浮填料对氨氮去除率分别为 78.34%、83.42%、76.21%、85.61%、80.35%，软性填料去除效果最好，半软性填料去除效果最低，且各系统内氨氮浓度远低于对照系统。

图 3.2 为五种不同材质的仿生植物（密度为 13 株/m³）试验系统中氨氮浓度的变化规律。由图可知，五种仿生植物系统内水体氨氮浓度变化有明显差异，立体弹性、组合填料、半软性填料、软性填料以及悬浮填料对氨氮去除率分别为 85.35%、90.32%、85.02%、92.55%、89.45%，其中五种不同材质仿生植物系统对氨氮的去除效果远大于对照系统（对照系统去除率仅为 36.05%），表明五种仿生植物系统能较好地去除水体氨氮，且软性填料去除效果最好，半软性填料去除效果最低。

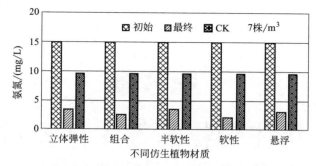

图 3.1　不同材质仿生植物系统内氨氮浓度变化（密度 7 株/m³）

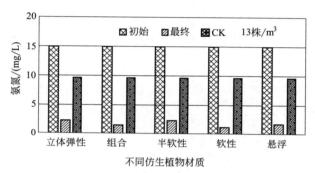

图 3.2　不同材质仿生植物系统内氨氮浓度变化（密度 13 株/m³）

　　图 3.3 为五种不同材质的仿生植物（密度为 20 株/m³）试验系统中氨氮浓度的变化规律。由图可知，五种仿生植物系统内水体氨氮浓度变化有明显差异，立体弹性、组合填料、半软性填料、软性填料以及悬浮填料对氨氮去除率分别为 92.34%、94.35%、92.03%、95.72%、93.89%，同样表现为软性填料去除效果最好，半软性填料去除效果最低。

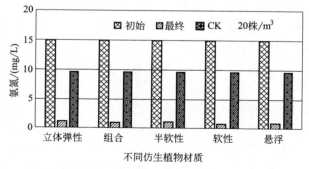

图 3.3　不同材质仿生植物系统内氨氮浓度变化（密度 20 株/m³）

　　总体来说，对氨氮的去除效果表现为：软性填料＞组合填料＞悬浮填料＞立体弹性填料＞半软性填料＞对照系统（表 3.1）。方差分析表明，五种仿生植物处理组之间无显著差异（$P > 0.01$）（表3.2），表明不同材质的仿生植物均能很好地实现对水体氨氮的降解。

表 3.1　不同材质仿生植物对氨氮去除效果的统计结果

项目	立体弹性	组合	半软性	软性	悬浮	对照
平均值/%	85.34	89.36	84.42	91.29	87.90	
最小值/%	78.34	83.42	76.21	85.61	80.35	36.05
最大值/%	92.34	94.35	92.03	95.72	93.89	
方差	7.00	5.53	7.93	5.17	6.90	——
变异系数/%	8.20	6.19	9.39	5.66	7.85	

表 3.2　不同材质仿生植物对氨氮去除效果的方差分析

差异源	SS	df	MS	F	P 值	F 临界值
组间	96.07	4	24.02	0.55	0.70	3.48
组内	433.54	10	43.35			
总计	529.61	14				

3.1.2　不同密度仿生植物对水体氨氮去除效果分析

对于同一材质的仿生植物而言，仿生植物布设密度的差异对水体氨氮去除亦具有明显的影响。如图 3.4 所示，在试验结束时，立体弹性填料在 7 株/m³、13 株/m³、20 株/m³ 种植密度条件下，对试验系统中 NH_4^+-N 去除率分别为 78.34%、85.35%、92.34%，其中 20 株/m³ 组氨氮去除率分别为 13 株/m³、7 株/m³ 试验组的 1.08 倍、1.17 倍，以上系统的去除率均远高于 CK 系统，表现为：CK < 7 株/m³ < 13 株/m³ < 20 株/m³，表明立体弹性填料布设密度的大小将直接影响其对水体氮素的去除效果。

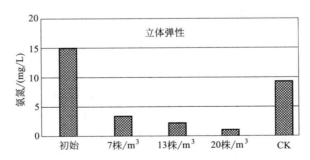

图 3.4　同一材质不同种植密度下仿生植物系统内氨氮浓度变化（立体弹性填料）

图 3.5 为组合填料在 7 株/m³、13 株/m³、20 株/m³ 种植密度条件下试验系统中 NH_4^+-N 浓度的变化。由图可知，三种不同的种植密度下，组合填料对氨

氮的去除率分别为 83.42%、90.32%、94.35%，其中 20 株/m³ 组氨氮去除率分别为 13 株/m³、7 株/m³ 试验组的 1.04 倍、1.13 倍，以上系统的去除率均远高于 CK 系统，表现为：CK<7 株/m³<13 株/m³<20 株/m³，表明组合填料布设密度的大小将直接影响其对水体氮素的去除效果。

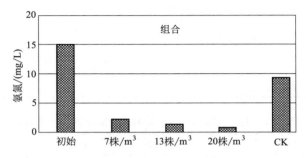

图 3.5　同一材质不同种植密度下仿生植物系统内氨氮浓度变化（组合填料）

图 3.6 为半软性填料在 7 株/m³、13 株/m³、20 株/m³ 种植密度条件下试验系统中 NH_4^+-N 浓度的变化。由图可知，三种不同的种植密度下，半软性填料对氨氮的去除率分别为 76.21%、85.02%、92.03%，其中 20 株/m³ 组氨氮去除率分别为 13 株/m³、7 株/m³ 试验组的 1.08 倍、1.21 倍，以上系统的去除率均远高于 CK 系统，表现为：CK<7 株/m³<13 株/m³<20 株/m³，表明半软性填料布设密度的大小将直接影响其对水体氮素的去除效果。

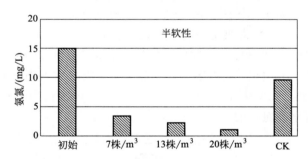

图 3.6　同一材质不同种植密度下仿生植物系统内氨氮浓度变化（半软性填料）

图 3.7 为软性填料在 7 株/m³、13 株/m³、20 株/m³ 种植密度条件下试验系统中 NH_4^+-N 浓度的变化。由图可知，三种不同的种植密度下，软性填料对氨氮的去除率分别为 85.61%、92.55%、95.72%，其中 20 株/m³ 组氨氮去除率分别为 13 株/m³、7 株/m³ 试验组的 1.03 倍、1.12 倍，以上系统的去除率均远高于 CK 系统，表现为：CK<7 株/m³<13 株/m³<20 株/m³，表明软性填料布设密度的大小将直接影响其对水体氮素的去除效果。

图 3.8 为悬浮填料在 7 株/m³、13 株/m³、20 株/m³ 种植密度条件下试验系统中 NH_4^+-N 浓度的变化。由图可知，三种不同的种植密度下，悬浮填料对氨

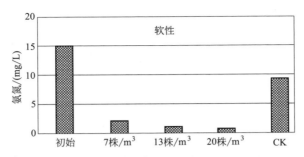

图 3.7　同一材质不同种植密度下仿生植物系统内氨氮浓度变化（软性填料）

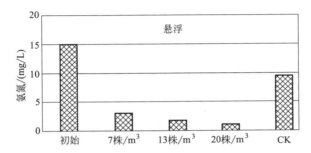

图 3.8　同一材质不同种植密度下仿生植物系统内氨氮浓度变化（悬浮填料）

氮的去除率分别为 80.35%、89.45%、93.89%，其中 20 株/m^3 组氨氮去除率分别为 13 株/m^3、7 株/m^3 试验组的 1.04 倍、1.17 倍，以上系统的去除率均远高于 CK 系统，表现为：CK＜7 株/m^3＜13 株/m^3＜20 株/m^3，表明悬浮填料布设密度的大小将直接影响其对水体氮素的去除效果。

　　由此可知，三组不同的种植密度均能实现对水体氨氮较好的去除效果，且种植密度越大，处理效果越好（表 3.3），方差分析结果表明，三种种植密度处理组间差异极显著（表 3.4）。但倘若种植密度过大，有可能使得仿生植物相互之间的水力传输、大气复氧等受到一定的影响，最终反而降低处理效果，综合经济性等方面的因素后，认为仿生植物在野外实际应用过程中，其种植适宜密度介于 10～20 株/m^3。

表 3.3　不同材质仿生植物对氨氮去除效果的统计结果

项目	7 株/m^3	13 株/m^3	20 株/m^3
平均值/%	80.79	88.54	93.67
最小值/%	76.21	85.02	92.03
最大值/%	85.61	92.55	95.72
方差	3.79	3.27	1.51
变异系数/%	4.69	3.69	1.62

表 3.4　仿生植物三种种植密度处理组对氨氮去除效果的方差分析

差异源	SS	df	MS	F	P 值	F 临界值
组间	420.474	2	210.237	23.116	7.65741×10^{-5}	3.885
组内	109.137	12	9.095			
总计	529.610	14				

3.2　仿生植物对水体总磷去除效果分析

3.2.1　不同材质仿生植物对水体总磷去除效果分析

图 3.9 为五种不同材质的仿生植物（密度为 7 株/m³）试验系统中 TP 浓度的变化规律。由图可知，在同样的种植密度下，五种仿生植物系统内水体 TP 浓度变化有明显差异，立体弹性、组合填料、半软性填料、软性填料以及悬浮填料对氨氮去除率分别为 53.0%、55.5%、51.5%、57.5%、54.0%。其中，软性填料去除效果最好，半软性填料去除效果最低，且各系统内 TP 远低于对照系统。

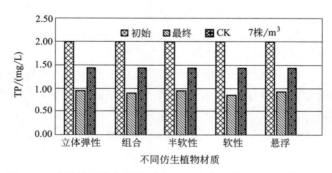

图 3.9　不同材质仿生植物系统 TP 浓度变化（密度 7 株/m³）

图 3.10 为五种不同材质的仿生植物（密度为 13 株/m³）试验系统中 TP 浓度的变化规律。由图可知，五种仿生植物系统内水体 TP 浓度变化有明显差异，立体弹性、组合填料、半软性填料、软性填料以及悬浮填料对 TP 去除率分别为 55.5%、59.0%、54.0%、60.5%、57.0%，其中五种不同材质仿生植物系统对 TP 的去除效果远大于对照系统（对照系统去除率仅为 28.5%），表明五种仿生植物系统能较好地去除水体 TP，且软性填料去除效果最好，半软性填料去除效果最低。

图 3.11 为五种不同材质的仿生植物（密度为 20 株/m³）试验系统中 TP 浓

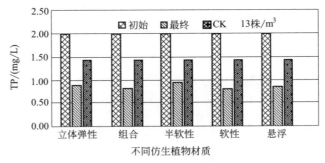

图 3.10 不同材质仿生植物系统内 TP 浓度变化（密度 13 株/m³）

度的变化规律。由图可知，五种仿生植物系统内水体 TP 浓度变化有明显差异，立体弹性、组合填料、半软性填料、软性填料以及悬浮填料对 TP 去除率分别为 59.5%、66.0%、58.5%、68.5%、63.0%，同样表现为悬浮填料去除效果最好，半软性填料去除效果最低。

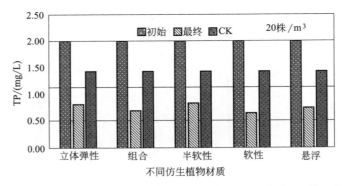

图 3.11 不同材质仿生植物系统内 TP 浓度变化（密度 20 株/m³）

总体来说，对 TP 的去除效果同样表现为：软性填料＞组合填料＞悬浮填料＞立体弹性填料＞半软性填料＞对照系统（表 3.5）。但是，方差分析结果表明，各处理组之间无显著差异（表 3.6），表明不同材质的仿生植物均能很好地实现对水体 TP 的降解。

表 3.5 不同材质仿生植物对 TP 去除效果的统计结果

项目	立体弹性	组合	半软性	软性	悬浮	对照
平均值/%	56.00	60.17	54.67	62.17	58.00	
最小值/%	53.00	55.50	51.50	57.50	54.00	28.50
最大值/%	59.50	66.00	58.50	68.50	63.00	
方差	3.28	5.35	3.55	5.69	4.58	—
变异系数/%	5.85	8.89	6.49	9.15	7.90	

表 3.6 不同材质仿生植物对 TP 去除效果的方差分析

差异源	SS	df	MS	F	P 值	F 临界值
组间	110.9	4	27.725	1.32	0.328	3.478
组内	210.5	10	21.05			
总计	321.4	14				

3.2.2 不同密度仿生植物对水体总磷去除效果分析

对于同一材质的仿生植物而言,仿生植物布设密度的差异对水体 TP 去除具有极显著的影响。如图 3.12 所示,在试验结束时,立体弹性填料在 7 株/m³、13 株/m³、20 株/m³ 种植密度条件下,对试验系统中 TP 去除率分别为 53%、55.5%、59.5%,其中 20 株/m³ 组 TP 去除率分别为 13 株/m³、7 株/m³ 试验的 1.07 倍、1.12 倍,以上系统的去除率均远高于 CK 系统,表现为:CK<7 株/m³<13 株/m³<20 株/m³,表明立体弹性填料布设密度的大小将直接影响其对水体 TP 的去除效果。

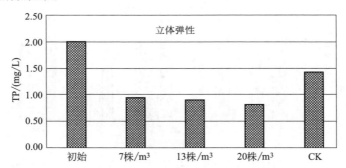

图 3.12 同一材质不同种植密度下仿生植物系统内 TP 浓度变化(立体弹性填料)

图 3.13 为组合填料在 7 株/m³、13 株/m³、20 株/m³ 种植密度条件下,试验系统中 TP 浓度的变化。由图可知,三种不同的种植密度下,组合填料对 TP 的去除率分别为 55.5%、59%、66%,其中 20 株/m³ 组 TP 去除率分别为 13 株/m³、7 株/m³ 试验组的 1.11 倍、1.18 倍,以上系统的去除率均远高于 CK 系统,表现为:CK<7 株/m³<13 株/m³<20 株/m³,表明组合填料布设密度的大小将直接影响其对水体 TP 的去除效果。

图 3.14 为半软性填料在 7 株/m³、13 株/m³、20 株/m³ 种植密度条件下试验系统中 TP 浓度的变化。由图可知,三种不同的种植密度下,半软性填料对 TP 的去除率分别为 51.5%、54%、58.5%,其中 20 株/m³ 组 TP 去除率分别为 13 株/m³、7 株/m³ 试验组的 1.08 倍、1.14 倍,以上系统的去除率均远高于 CK 系统,表现为:CK<7 株/m³<13 株/m³<20 株/m³,表明半软性填料布设密度的大小将直接影响其对水体 TP 的去除效果。

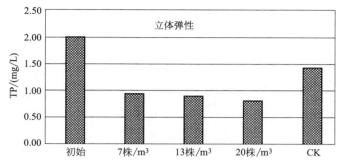

图 3.13 同一材质不同种植密度下仿生植物系统内 TP 浓度变化（组合填料）

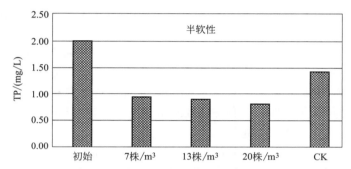

图 3.14 同一材质不同种植密度下仿生植物系统内 TP 浓度变化（半软性填料）

图 3.15 为软性填料在 7 株/m³、13 株/m³、20 株/m³ 种植密度条件下，实验系统中 TP 浓度的变化。由图可知，三种不同的种植密度下，软性填料对 TP 的去除率分别为 57.5%、60.5%、68.5%，其中 20 株/m³ 组 TP 去除率分别为 13 株/m³、7 株/m³ 试验组的 1.13 倍、1.19 倍，以上系统的去除率均远高于 CK 系统，表现为：CK<7 株/m³<13 株/m³<20 株/m³，表明软性填料布设密度的大小将直接影响其对水体 TP 的去除效果。

图 3.16 为悬浮填料在 7 株/m³、13 株/m³、20 株/m³ 种植密度条件下试验系统中 TP 浓度的变化。由图可知，三种不同的种植密度下，悬浮填料对 TP 的

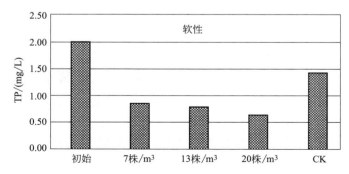

图 3.15 同一材质不同种植密度下仿生植物系统内 TP 浓度变化（软性填料）

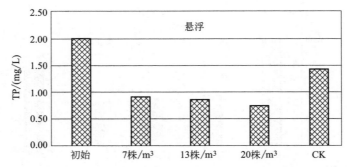

图 3.16 同一材质不同种植密度下仿生植物系统内 TP 浓度变化（悬浮填料）

去除率分别为 54%、57%、63%，其中 20 株/m³ 组 TP 去除率分别为 13 株/m³、7 株/m³ 试验组的 1.10 倍、1.17 倍，以上系统的去除率均远高于 CK 系统，表现为：CK<7 株/m³<13 株/m³<20 株/m³，表明悬浮填料布设密度的大小将直接影响其对水体 TP 的去除效果。

由此可知，三组不同的种植密度下均对水体 TP 具有较好的去除效果（表3.7），方差分析结果表明，三种密度处理组间差异显著（$P<0.01$)(表3.8)，表明种植密度越大，处理效果越好。

表 3.7 不同材质仿生植物对氨氮去除效果的统计结果

项目	7 株/m³	13 株/m³	20 株/m³
平均值/%	54.30	57.20	63.10
最小值/%	51.50	54.00	58.50
最大值/%	57.50	60.50	68.50
方差	2.31	2.61	4.23
变异系数/%	4.25	4.57	6.71

表 3.8 仿生植物三种种植密度处理组对氨氮去除效果的方差分析

差异源	SS	df	MS	F	P 值	F 临界值
组间	201.1	2	100.55	10.029	0.0027	3.885
组内	120.3	12	10.025			
总计	321.4	14				

3.3 仿生植物对水体 COD 去除效果分析

3.3.1 不同材质仿生植物对水体 COD 去除效果分析

图 3.17 为五种不同材质的仿生植物（密度为 7 株/m³）试验系统中 COD 浓

仿生植物在对重污染水体氮素去除中的应用

度的变化规律。由图可知，在同样的种植密度下，五种仿生植物系统内水体COD浓度变化有明显差异，立体弹性、组合填料、半软性填料、软性填料以及悬浮填料对COD去除率分别为62.1%、64.4%、57.5%、66.5%、62.7%，软性填料去除效果最好，半软性填料去除效果最低，且各系统内COD浓度远低于对照系统。

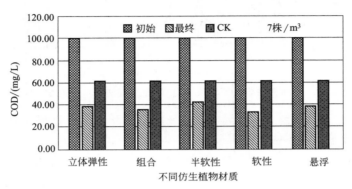

图 3.17　不同材质仿生植物系统内 COD 浓度变化（密度 7 株/m³）

图 3.18 为五种不同材质的仿生植物（密度为 13 株/m³）试验系统中 COD 浓度的变化规律。由图可知，五种仿生植物系统内水体 COD 浓度变化有明显差异，立体弹性、组合填料、半软性填料、软性填料以及悬浮填料对 COD 去除率分别为 72.4%、75.9%、69.6%、77.5%、74.6%，其中五种不同材质仿生植物系统对 COD 的去除效果远大于对照系统（对照系统去除率仅为 38.3%），表明五种仿生植物系统能较好地去除水体 COD，且软性填料去除效果最好，半软性填料去除效果最低。

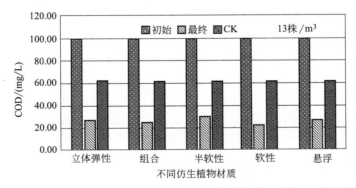

图 3.18　不同材质仿生植物系统内 COD 浓度变化（密度 13 株/m³）

图 3.19 为五种不同材质的仿生植物（密度为 20 株/m³）试验系统中 COD 浓度的变化规律。由图可知，五种仿生植物系统内水体 COD 浓度变化有明显差异，立体弹性、组合填料、半软性填料、软性填料以及悬浮填料对 COD 去除率

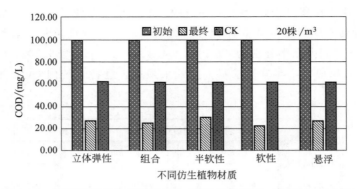

图 3.19　不同材质仿生植物系统内 COD 浓度变化（密度 20 株/m³）

分别为 74.4%、77.3%、73.5%、78.5%、76.6%，同样表现为软性填料去除效果最好，半软性填料去除效果最低。

总体来说，对 COD 的去除效果表现为：软性填料＞组合填料＞悬浮填料＞立体弹性填料＞半软性填料＞对照系统（表 3.9）。但方差分析结果表明五种处理组间无显著差异（$P > 0.01$）（表 3.10）。以上研究结果证实，不同材质的仿生植物均能很好地实现对水体 COD 的降解。

表 3.9　不同材质仿生植物对 COD 去除效果的统计结果

项目	立体弹性	组合	半软性	软性	悬浮	对照
平均值/%	69.63	72.53	66.87	74.17	71.30	
最小值/%	62.10	64.40	57.50	66.50	62.70	38.3
最大值/%	74.40	77.30	73.50	78.50	76.60	
方差	6.60	7.08	8.34	6.66	7.51	—
变异系数/%	9.48	9.76	12.48	8.98	10.54	

表 3.10　不同材质仿生植物对氨氮去除效果的方差分析

差异源	SS	df	MS	F	P 值	F 临界值
组间	94.11	4	23.528	0.445	0.774	3.478
组内	528.15	10	52.815			
总计	622.26	14				

3.3.2　不同密度仿生植物对水体 COD 去除效果分析

对于同一材质的仿生植物而言，仿生植物布设密度的差异对水体 COD 去除具有极显著的影响。如图 3.20 所示，在试验结束时，立体弹性填料在 7 株/m³、13 株/m³、20 株/m³ 种植密度条件下，对试验系统中 COD 去除率分别为 62.1%、72.4%、74.4%，其中 20 株/m³ 组 COD 去除率分别为 13 株/m³、7

株/m³ 试验组的 1.02 倍、1.19 倍，以上系统的去除率均远高于 CK 系统，表现为：CK＜7 株/m³＜13 株/m³＜20 株/m³，表明立体弹性填料布设密度的大小将直接影响其对水体 COD 的去除效果。

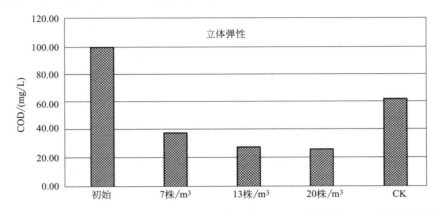

图 3.20　同一材质不同种植密度下仿生植物系统内 COD 浓度变化（立体弹性填料）

图 3.21 为组合填料在 7 株/m³、13 株/m³、20 株/m³ 种植密度条件下试验系统中 COD 浓度的变化。由图可知，三种不同的种植密度下，组合填料对 COD 的去除率分别为 64.4%、75.9%、77.3%，其中 20 株/m³ 组 COD 去除率分别为 13 株/m³、7 株/m³ 试验组的 1.02 倍、1.20 倍，以上系统的去除率均远高于 CK 系统，表现为：CK＜7 株/m³＜13 株/m³＜20 株/m³，表明组合填料布设密度的大小将直接影响其对水体 COD 的去除效果。

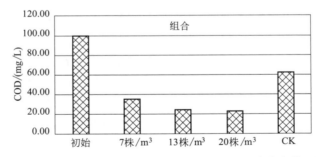

图 3.21　同一材质不同种植密度下仿生植物系统内 COD 浓度变化（组合填料）

图 3.22 为半软性填料在 7 株/m³、13 株/m³、20 株/m³ 种植密度条件下试验系统中 COD 浓度的变化。由图可知，三种不同的种植密度下，半软性填料对 COD 的去除率分别为 57.5%、69.6%、73.5%，其中 20 株/m³ 组 COD 去除率分别为 13 株/m³、7 株/m³ 试验组的 1.06 倍、1.28 倍，以上系统的去除率均远高于 CK 系统，表现为：CK＜7 株/m³＜13 株/m³＜20 株/m³，表明半软性填料布设密度的大小将直接影响其对水体 COD 的去除效果。

图 3.23 为软性填料在 7 株/m³、13 株/m³、20 株/m³ 种植密度条件下试验

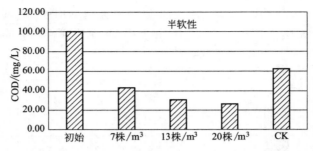

图 3.22 同一材质不同种植密度下仿生植物系统内 COD 浓度变化（半软性填料）

系统中 COD 浓度的变化。由图可知，三种不同的种植密度下，软性填料对 COD 的去除率分别为 66.5%、77.5%、78.5%，其中 20 株/m³ 组 COD 去除率分别为 13 株/m³、7 株/m³ 试验组的 1.01 倍、1.18 倍，以上系统的去除率均远高于 CK 系统，表现为：CK＜7 株/m³＜13 株/m³＜20 株/m³，表明软性填料布设密度的大小将直接影响其对水体 COD 的去除效果。

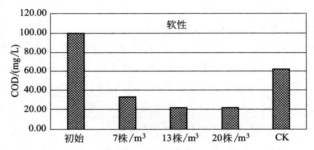

图 3.23 同一材质不同种植密度下仿生植物系统内 COD 浓度变化（软性填料）

图 3.24 为悬浮填料在 7 株/m³、13 株/m³、20 株/m³ 种植密度条件下试验系统中 COD 浓度的变化。由图可知，三种不同的种植密度下，悬浮填料对 COD 的去除率分别为 62.7%、74.6%、76.6%，其中 20 株/m³ 组 COD 去除率分别为 13 株/m³、7 株/m³ 试验组的 1.02 倍、1.22 倍，以上系统的去除率均远高于 CK 系统，表现为：CK＜7 株/m³＜13 株/m³＜20 株/m³，表明悬浮填料布设密度的大小将直接影响其对水体 COD 的去除效果。

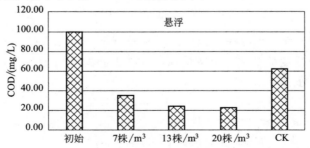

图 3.24 同一材质不同种植密度下仿生植物系统内 COD 浓度变化（悬浮填料）

由此可知，对于五种材质的仿生植物而言，其在三组不同的种植密度下均对水体 COD 均具有好地去除效果（表 3.11），且三组密度处理间差异显著（$P<0.01$）（表 3.12），表明 COD 去除率随仿生植物种植密度的增加而显著增加。

表 3.11　不同材质仿生植物对 COD 去除效果的统计结果

项目	7 株/m³	13 株/m³	20 株/m³
平均值/%	62.64	74.00	76.06
最小值/%	57.50	69.60	73.50
最大值/%	66.50	77.50	78.50
方差	3.34	3.09	2.07
变异系数/%	5.34	4.17	2.72

表 3.12　仿生植物三种种植密度处理组对氨氮去除效果的方差分析

差异源	SS	df	MS	F	P 值	F 临界值
组间	522.316	2	261.158	31.357	1.71676×10^{-5}	3.885
组内	99.944	12	8.329			
总计	622.26	14				

3.4　小结

本章内容以五种不同材质的仿生植物为研究对象，通过室外挂膜以及室内控制试验，研究了仿生植物对污染水体水质的净化效果，获得的主要结论如下。

五种材质的仿生植物对水体氨氮、TP 以及 COD 均具有较好的去除效果，且氨氮、TP 以及 COD 浓度去除效率随材质的不同有明显的差异，总体表现为：软性填料＞组合填料＞悬浮填料＞立体弹性填料＞半软性填料＞对照系统。同时，对于同一材质的仿生植物而言，三组不同的种植密度下均对水体氨氮均具有好的去除效果，表现为：CK＜7 株/m³＜13 株/m³＜20 株/m³。

可见，仿生植物材质及其种植密度对水体氮磷等的去除效果将产生较大影响。对于仿生植物原材料而言，软性填料表现最为突出，其次为组合填料，而半软性填料相对较差，这和填料的比表面积、质量、表面光滑度、孔隙度、亲水吸附性能等均有密切关系。对于仿生植物的种植密度而言，三组不同的种植密度下均能对水体氨氮、总磷、COD 具有好的去除效果，且种植密度越大，处理效果越好，但倘若种植密度过大，可能使得仿生植物相互之间的水力传输、大气复氧等受到一定的影响，最终反而降低处理效果，综合经济性等方面的因素后，认为仿生植物在野外实际应用过程中，其种植适宜密度介于 10～20 株/m³。

第4章

仿生植物附着生物膜对
氮素的降解效能分析

本章内容主要将仿生植物布设到古运河河口、解放桥、团结河以及玉带河4个不同点位，进行野外挂膜，监测挂膜样点的水质动态变化，并对附着生物膜的氮含量以及其对水体氨氮的净化效能、仿生植物附着生物膜的硝化作用强度等在不同季节、不同水深等条件下进行了对比试验研究，力求获得仿生植物附着生物膜对氨氮的降解能力及其与挂膜点位水质参数间的相关性。

4.1 仿生植物在古运河河口附着
生物膜对氮素的降解效能分析

4.1.1 古运河河口水环境质量分析

4.1.1.1 挂膜阶段古运河河口水体温度的变化分析

挂膜阶段古运河河口水体温度随时间的变化情况如图 4.1 及表 4.1 所示，其中，最高值出现在夏季 8 月份，而最低温度则出现在冬季 1 月份，变异系数为 49.86%，处于中等变异。

4.1.1.2 挂膜阶段古运河河口水体 pH 的变化分析

挂膜阶段古运河河口水体 pH 随时间的变化情况如图 4.2 和表 4.1 所示，其中，pH 介于 7.21~8.75 之间，最高值出现在 2012 年 5 月份，而最低值则出现在 2013 年 4 月份，pH 值的变异系数仅为 5.58%，表明古运河水体 pH 的变化幅度很小。

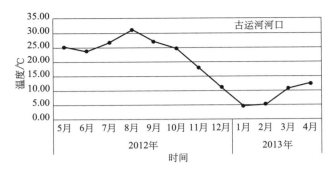

图 4.1　挂膜阶段古运河河口水体温度随时间的变化情况

表 4.1　挂膜阶段古运河河口水体理化参数的统计结果

项目	温度/℃	pH	亚硝态氮/(mg/L)	硝态氮/(mg/L)	氨氮/(mg/L)	溶解氧/(mg/L)
平均值	18.38	8.04	0.05	0.75	0.21	8.62
最小值	4.7	7.21	0.00	0.05	0.03	4.94
最大值	31.1	8.75	0.17	1.07	0.55	11.85
方差	9.17	0.45	0.05	0.27	0.14	2.34
变异系数/%	49.86	5.58	98.78	35.61	69.22	27.11

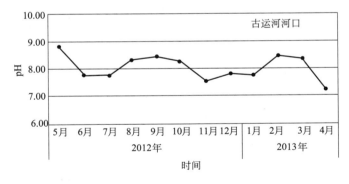

图 4.2　挂膜阶段古运河河口水体 pH 随时间的变化情况

4.1.1.3　挂膜阶段古运河河口水体 DO 的变化分析

DO 是水体关键的水质指标之一，一般以 2.0mg/L 为界限来评估水体好氧与厌氧状态，DO 含量决定了氮素的硝化-反硝化过程（Tallec 等，2008）。挂膜阶段古运河河口水体 DO 随时间的变化情况如图 4.3 和表 4.1 所示，整个挂膜阶段该点位的水体始终呈现好氧状态。

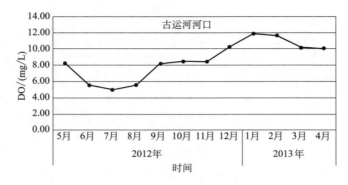

图 4.3　挂膜阶段古运河河口水体 DO 随时间的变化情况

4.1.1.4　挂膜阶段各采样点水体氮素含量变化

NO_2^--N、NO_3^--N 以及 NH_4^+-N 是水体无机态氮的主要形式，也是水体最活跃的氮形态，是参与氮素生物地球化学循环的重要组成（王圣瑞等，2008；周晓红等，2014）。挂膜阶段古运河河口水体 NO_2^--N、NO_3^--N 以及 NH_4^+-N 含量变化情况如图 4.4 及表 4.1 所示。由图可知，三种形态氮随时间呈现出波动变化状态，其中，水体 NO_2^--N 的最低值出现在春季，其浓度小于检测下限，记为 0.00mg/L；最高值出现在夏季，为 0.17mg/L；全年平均值为 0.05mg/L。NO_3^--N 的最低值出现在春季，为 0.05mg/L；最高值则出现在秋季，为 1.07mg/L；全年平均值为 0.75mg/L。NH_4^+-N 的最低值出现在秋季，为 0.03mg/L；最高值出现在冬季，为 0.55mg/L；全年平均值为 0.21mg/L。总体而言，古运河水体氮素表现为：$NO_3^--N > NH_4^+-N > NO_2^--N$。

图 4.4　挂膜阶段古运河河口水体氮含量随时间的变化情况

4.1.2 古运河河口水体中仿生植物附着生物膜氮素含量分析

4.1.2.1 仿生植物附着生物膜氮素含量随挂膜季节的变化规律

仿生植物附着生物膜的氮素含量与挂膜点位水体的营养盐状态密切相关,其氮素含量的高低直接受外界水环境的影响。此外,生物膜中氮素又为生物膜中微生物的活动提供底物,因此,生物膜氮素含量的高低对仿生植物对水质的净化能力具有非常重要的作用。

本章研究发现,在古运河河口挂膜后,仿生植物附着生物膜 NH_4^+-N、NO_2^--N、NO_3^--N 含量变化如图4.5~图4.7以及表4.2所示。由图可知,仿生植物附着生物膜氮含量具有明显的季节变化。对于氨氮而言,其最高值出现在夏季,氨氮含量为0.33mg/g,原因可能是夏季上游污染废水的排放量加大,外加频繁的雨水对地表含氮泥土的冲刷进入古运河河口,使得仿生植物上附着的氨氮量居四季之首;其次是冬季,冬季仿生植物上附着的氨氮含量为0.28mg/g,这与冬季河水水温较低,抑制了微生物降解水中氨氮的活性有关,此外,外来污染源废水的持续排放,共同使得河水中氨氮含量升高,从而附着在仿生植物上的氨

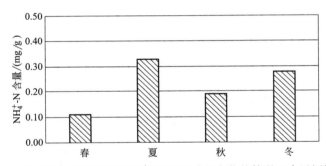

图4.5 仿生植物上附着的 NH_4^+-N 量随季节变化的情况(古运河河口)

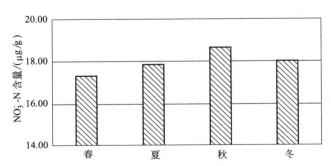

图4.6 仿生植物上附着的 NO_3^--N 量随季节变化的情况(古运河河口)

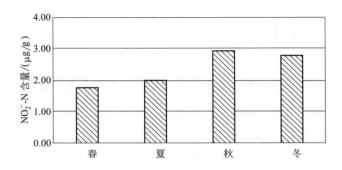

图 4.7　仿生植物上附着的 NO_2^--N 量随季节变化的情况（古运河河口）

表 4.2　仿生植物在古运河河口不同季节挂膜后其生物膜氮含量的统计结果

项目	氨氮/(mg/g)	硝态氮/(μg/g)	亚硝态氮/(μg/g)
平均值	0.23	17.92	2.36
最小值	0.11	17.27	1.76
最大值	0.33	18.61	2.92
方差	0.10	0.55	0.58
变异系数/%	42.82	3.09	24.47

氮含量相比于春季（0.11mg/g）和秋季（0.19mg/g）均较高。生物膜 NO_3^--N 含量介于 17.27～18.61μg/g 之间，其最高值出现在秋季，而最低值则出现在春季，NO_3^--N 含量的变异系数为 3.09%，表明仿生植物在该样点挂膜过程中，其附着生物膜硝态氮含量变化较小。此外，与 NO_3^--N 相似，生物膜中 NO_2^--N 含量最低值也出现在春季，最高值出现在秋季，变异系数为 24.47%。

仿生植物附着生物膜氮含量的变化与挂膜点位水质参数有密切的关系（表4.3）。由表 4.3 所示，仿生植物生物膜氨氮含量与水体氨氮、硝态氮以及亚硝态氮之间存在显著的正相关关系（$P < 0.05$），表明水体氨氮浓度越大，附着生物膜氨氮含量越高。同样的，生物膜硝态氮以及亚硝态氮含量均与水体硝态氮之间存在极显著的正相关关系（$P < 0.01$），表明水体硝态氮含量决定了生物膜中硝态氮及其亚硝态氮的含量。此外，生物膜亚硝态氮含量与水体 DO 之间存在显著的负相关关系（$P < 0.01$），表明较高的 DO 将抑制生物膜亚硝态氮含量的增长，这与 NO_2^--N 的形成方式有密切关系。研究表明，NO_2^--N 是硝化反应的中间步骤，也是脱氮过程的中间产物，其含量受 DO 强烈影响，在好氧条件下，NO_2^--N 往往会快速反应生成 NO_3^--N，因此生物膜的硝态氮及其亚硝态氮之间亦存在显著的正相关关系（$P < 0.01$）。

表 4.3 仿生植物附着生物膜氮素含量与古运河河口水质参数的相关系数

项目	生物膜氨氮	生物膜硝态氮	生物膜亚硝态氮
生物膜氨氮	1.000	0.270	0.196
生物膜硝态氮	0.270	1.000	0.878[2]
生物膜亚硝态氮	0.196	0.878[2]	1.000
水体亚硝态氮	0.718[1]	0.140	−0.239
水体硝态氮	0.717[1]	0.823[2]	0.817[2]
水体氨氮	0.685[1]	−0.254	0.014
水体 DO	−0.115	0.156	0.609
水体温度	−0.056	−0.360	−0.763[1]
水体 pH	−0.346	−0.916[2]	−0.985[2]

①和②表示在 $P<0.05$ 和 $P<0.01$ 上的显著相关性。

4.1.2.2 仿生植物附着生物膜氮素含量随挂膜水深的变化规律

仿生植物附着生物膜氮素含量随水深变化情况如图 4.8～图 4.10 以及表 4.4 所示。其中水深是指仿生植物辅助单元自水面向下悬挂的高度，水面记为 0cm，自水面往水下分别设置了 0～20cm、40～60cm 和 80～100cm 的挂膜高度。由图 4.8 和表 4.4 可知，不同水深处仿生植物附着生物膜氨氮含量介于 0.18～0.25mg/g 之间，且最高值出现在水面下 0～20cm 处，最低值则出现在水面下 80～100cm 处。表明仿生植物在古运河河口挂膜后，其附着的 NH_4^+-N 含量随水深的增加逐渐降低。硝态氮和亚硝态氮含量分别介于 18.61～21.23μg/g 以及 2.92～5.83μg/g 之间，其中最高值均出现在水面下 0～20cm 处，不同的是，以上两种氮形态，其最低值出现在水面下 40～60cm 处。仿生植物附着生物膜在不同水深处的动态变化与不同水深处水体微环境的差异有明显的关系。仿生植物实际应用于自然水体时，应考虑水深对其的影响。

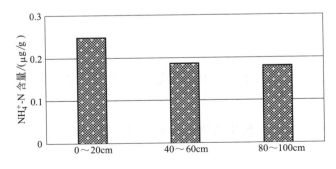

图 4.8 仿生植物上附着的 NH_4^+-N 量随水深变化的情况（古运河河口）

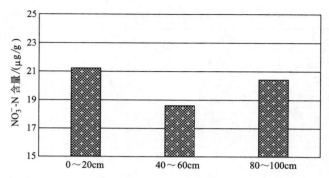

图 4.9　仿生植物上附着的 NO_3^--N 量随水深变化的情况（古运河河口）

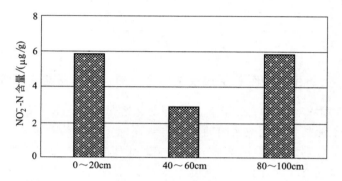

图 4.10　仿生植物上附着的 NO_2^--N 量随水深变化的情况（古运河河口）

表 4.4　仿生植物在古运河河口不同水生处挂膜后其生物膜氮含量的统计结果

项目	氨氮/（mg/g）	硝态氮/（μg/g）	亚硝态氮/（μg/g）
平均值	0.20	20.09	4.84
最小值	0.18	18.61	2.92
最大值	0.25	21.23	5.83
方差	0.04	1.34	1.66
变异系数/%	18.26	6.67	34.34

4.1.3　仿生植物在古运河河口附着生物膜对氮素的降解效能分析

4.1.3.1　四个季节的仿生植物附着生物膜对氨氮的降解效能研究

仿生植物在古运河河口挂膜后，分别对四个季节采集的生物膜样品进行氮素降解效能的室内试验研究，结果如图 4.11、图 4.12 所示。由图可知，各试验组 NH_4^+-N 浓度均随着培养时间的延长逐渐降低。试验结束时，各试验组氨氮分别由初始的 20.00mg/L 降至 8.64mg/L、8.69mg/L、9.57mg/L、9.37mg/L，NH_4^+-N 的去除率分别为 56.81%（春季）、56.54%（夏季）、52.18%（秋季）和 53.13%（冬季），其去除率分别为无仿生植物附着生物膜的对照系统的 1.92 倍、1.91 倍、1.77 倍、1.80 倍，表明较无仿生植物的对照系统而言，仿生植物附着生物膜的存在大大提高了培养系统对氨氮的降解能力，可见仿生植物附着生物膜的存在显著提高了处理系统中氨氮的降解效能。此外，四个季节的仿生植物附着生物膜对氨氮去除效率表现为：春季＞夏季＞冬季＞秋季，但氨氮去除率的单因素方差分析结果表明（表 4.5），四个季节处理组间无显著差异，表明仿生植物附着生物膜在四个季节对水体氨氮均具有较好的处理效率。

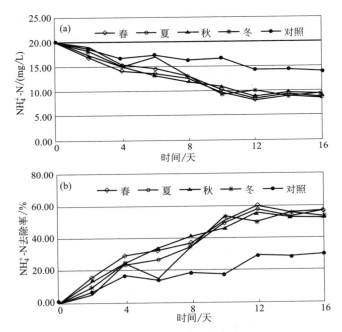

图 4.11　仿生植物附着生物膜对氨氮降解效能的影响（古运河河口）

表 4.5　仿生植物附着生物膜在不同季节对氨氮去除效果的方差分析（古运河河口）

差异源	SS	df	MS	F	P 值	F 临界值
组间	2264.94	4	566.24	1.55	0.206	2.61
组内	14610.53	40	365.26			
总计	16875.47	44				

仿生植物对氨氮降解过程中，处理系统中硝酸盐氮的变化情况如图 4.12～图 4.14 所示。由图可知，四个季节的仿生植物处理系统中，硝酸盐氮含量随培养时间的延长均呈现出波动变化的趋势。其中，春、夏、秋、冬四个季节的仿生

植物附着生物膜系统中，$NO_3^- -N + NO_2^- -N$ 的含量在试验的第 16、2、4 天以及第 4 天内快速增加至最高浓度，含量分别为 0.28mg/L、0.31mg/L、0.23mg/L、0.24mg/L，分别较对照系统高 2.54 倍、2.79 倍、2.07 倍以及 2.16 倍。其中，夏季仿生植物附着生物膜处理系统中，硝酸盐氮的积累速率最快，而出现先升高后降低的变化趋势的原因可能是培养液中营养物质的单一性使得硝化细菌随着时间的推移营养缺乏，继而硝化作用能力减弱。

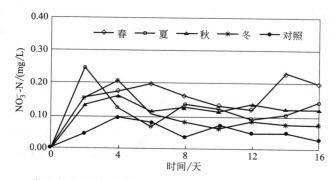

图 4.12　仿生植物附着生物膜系统中硝态氮的产生情况（古运河河口）

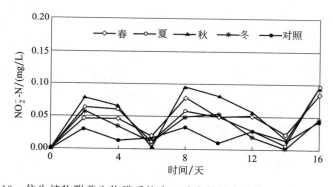

图 4.13　仿生植物附着生物膜系统中亚硝态氮的产生情况（古运河河口）

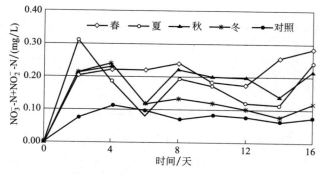

图 4.14　仿生植物附着生物膜系统中硝态氮＋亚硝态氮的产生情况（古运河河口）

从氨氮去除率与硝酸盐氮浓度变化两个方面可以看出，挂膜季节是仿生植物附着生物膜降解氨氮的一个重要的影响因子；在古运河河口水域，在四个季节中，仿生植物附着生物膜硝化作用效能最佳的季节为夏季。

此外，将四个处理系统中氨氮的降解速率与硝酸盐氮（硝态氮、亚硝态氮以及硝态氮＋亚硝态氮）的积累速率进行对比分析后发现，二者之间均无显著的相关关系（$P>0.05$）（表4.6），表明硝酸盐氮的积累量与氨氮的去除率间不具有明显的此消彼长的转化关系，且 NO_3^--N 的积累速率小于 NH_4^+-N 的转化速率，这一结果表明，处理系统内具有较为复杂的氮循环过程。这与田伟君等研究结果相似，分析原因可能与生态系统复杂的氮循环有关。

表 4.6　仿生植物附着生物膜氨氮降解速率与硝酸盐氮积累速率间的相关系数 r（古运河河口）

差异源	春	夏	秋	冬	对照
硝态氮	−0.517	−0.031	−0.561	0.110	−0.201
亚硝态氮	−0.496	−0.209	−0.321	−0.175	−0.505
硝态氮＋亚硝态氮	−0.591	−0.096	−0.507	0.033	−0.416

进一步对仿生植物附着生物膜的硝化作用强度进行了分析，结果如图4.15和表4.7所示。由图可知，仿生植物附着生物膜硝化强度具有明显的季节差异，其中，四个季节的硝化作用强度值分别介于 $6.65 \sim 38.78$ mg/(kg·d)、$5.67 \sim 61.55$ mg/(kg·d)、$5.81 \sim 33.23$ mg/(kg·d)、$3.20 \sim 38.38$ mg/(kg·d)，平均值分别高于对照2.61倍、2.71倍、2.14倍和2.26倍，四个季节的值表现为：夏＞春＞冬＞秋。

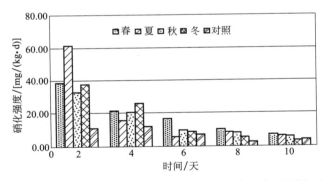

图 4.15　仿生植物附着生物膜的硝化作用强度（古运河河口）

表 4.7　挂膜阶段古运河河口水体理化参数的统计结果

项目	春	夏	秋	冬	对照
平均值/[mg/(kg·d)]	18.78	19.45	15.37	16.26	7.19
最小值/[mg/(kg·d)]	6.65	5.67	5.82	3.20	2.27
最大值/[mg/(kg·d)]	38.78	61.55	33.23	38.38	12.16
方差	12.61	23.86	11.46	15.22	4.36
变异系数/%	67.15	122.69	74.52	93.61	60.73

硝化作用强度的大小直接影响到处理系统对氨氮的降解效能，因此，进一步对氨氮去除率以及硝化作用强度的大小作相关性分析（表4.8、图4.16），结果发现：春、夏、秋季节的仿生植物附着生物膜硝化作用强度与氨氮之间具有显著的正相关关系，表明以上三个系统内氨氮的降解受系统内硝化作用的影响较为明显，而冬季以及对照系统中的硝化作用强度与氨氮的去除之间的无显著性相关关系，表明以上两个系统内氨氮的转化过程较为复杂。

表 4.8　仿生植物附着生物膜氨氮降解速率与硝化作用强度的相关系数 r（古运河河口）

项目	春	夏	秋	冬	对照
r	0.944②	0.830①	0.976②	0.702	0.574

①和②表示在 $P < 0.05$ 和 $P < 0.01$ 上的显著相关性。

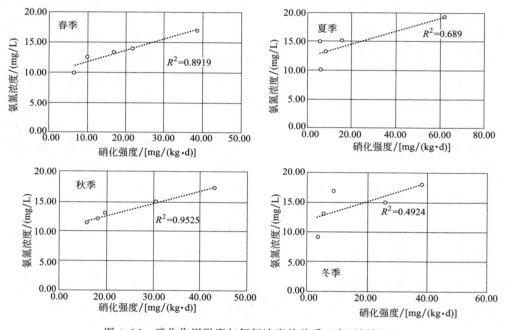

图 4.16　硝化作用强度与氨氮浓度的关系（古运河河口）

4.1.3.2　不同水深下仿生植物附着生物膜对氨氮的降解效能研究

仿生植物在古运河河口挂膜后，分别对三个不同水深处采集的生物膜样品进行氮素降解效能的室内试验研究，结果如图4.17、图4.18所示。由图可知，各试验组 NH_4^+-N 浓度均随着培养时间的延长逐渐降低。试验结束时，各试验组氨氮分别由初始的 20.00mg/L 降至 11.09mg/L、10.93mg/L、11.64mg/L，NH_4^+-N 的去除率分别为 44.54%（0～20cm）、45.36%（40～60cm）和 41.81%（80～100cm），其去除率分别为无仿生植物的对照系统的 8.00 倍、

8.15 倍和 7.52 倍，三种不同水深处氨氮降解速率与对照组间有显著的差异($P<$ 0.05)（表 4.9），表明较无仿生植物的对照系统而言，三种不同水深处的仿生植物附着生物膜的存在大大提高了培养系统对氨氮的降解能力。此外，三种不同水深处的仿生植物附着生物膜对氨氮去除效率的平均值表现为：80～100cm＞0～20cm＞40～60cm，但氨氮去除率的单因素方差分析结果表明（表 4.10），三种水深的处理组间无显著差异，表明三个不同水深处的仿生植物附着生物膜对水体氨氮均具有较好的处理效率。

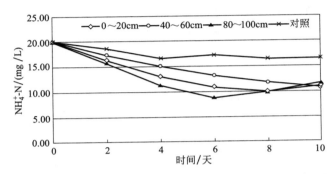

图 4.17　不同水深处仿生植物附着生物膜系统氨氮浓度变化（古运河河口）

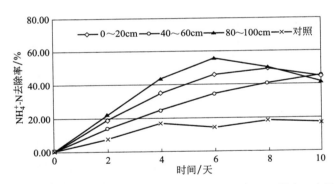

图 4.18　不同水深处仿生植物附着生物膜对氨氮降解效能的影响（古运河河口）

表 4.9　仿生植物附着生物膜在不同水深处氨氮去除效果与
对照系统的方差分析（古运河河口）

差异源	SS	df	MS	F	P 值	F 临界值
组间	3470.748	3	1156.916	4.149	0.0194	3.098
组内	5577.131	20	278.857			
总计	9047.879	23				

表 4.10　仿生植物附着生物膜在不同水深处对氨氮去除效果的方差分析（古运河河口）

差异源	SS	df	MS	F	P 值	F 临界值
组间	253.722	2	126.861	0.343	0.715	3.682
组内	5550.214	15	370.014			
总计	5803.935	17				

其中，在 $80 \sim 100cm$ 水深处仿生植物附着生物膜对 NH_4^+-N 浓度的去除速率最快，最高去除率出现在整个试验周期的第 6 天，为 55.86%，之后随时间的推移 NH_4^+-N 浓度逐渐回升，在试验结束时，NH_4^+-N 去除率为 41.8%；其次，$0 \sim 20cm$ 试验组 NH_4^+-N 最大去除率出现在试验周期的第 8 天，为 49.5%，随后在第 $8 \sim 10$ 天的时间段内 NH_4^+-N 浓度逐渐回升，试验结束时 NH_4^+-N 去除率为 44.55%；而在水下 $40 \sim 60cm$ 处的仿生植物附着生物膜在相同的时间内对 NH_4^+-N 的去除速率相对另外的两组较慢，第 6 天时去除率仅为 34.2%，第 8 天时上升为 40.6%，但在整个试验周期内，NH_4^+-N 浓度并没有表现出上升的趋势，试验结束时，NH_4^+-N 最高去除率为 45.4%。对于试验周期末出现的以上两种反差的情况，由于河道中微生物分布受水深影响的研究尚少见报道，所以分析原因可能是受 DO、光照、水流速度、水生植物等的综合影响，不同深度的水层环境造就了不同种类的微生物群落，继而在仿生植物上挂膜的微生物群落的形态、种类、数量都具有显著差异性，因而对水中 NH_4^+-N 的去除效果不尽相同。宋洪宁等研究表明，沉积物中的细菌多样性与水深成正相关，这与本书的研究结果有相似之处。此外，无仿生植物附着微生物的对照组对 NH_4^+-N 的去除效率大大降低，NH_4^+-N 浓度从最初的 $20.0mg/L$ 降至 $18.9mg/L$，去除率为 5.5%，而这主要是由于曝气对 NH_4^+-N 的去除具有一定的作用。

仿生植物对氨氮降解过程中，三种不同水深的处理系统中硝酸盐氮的变化情况如图 4.19～图 4.21 所示。由图可知，三种不同水深处的仿生植物处理系统中，硝酸盐氮含量随培养时间的延长同样呈现出波动变化的趋势。其中，在试验第 8、4 和 4 天，三种不同水深处理组的 NO_3^--N 含量分别积累到最高值，含量分别为 $0.22mg/L$、$0.16mg/L$ 和 $0.12mg/L$。相应的，NO_2^--N 含量则分别累积到 $0.04mg/L$、$0.10mg/L$ 以及 $0.06mg/L$，但出现极值的时间与 NO_3^--N 有所差异。此外，NO_3^--N$+NO_2^-$-N 的含量在试验的第 8、4 天以及第 6 天快速增加至最高浓度，含量为 $0.234mg/L$、$0.230mg/L$、$0.162mg/L$，分别较对照系统高 3.54 倍、3.47 倍以及 2.44 倍。其中，$0 \sim 20cm$ 水深条件下仿生植物附着生物膜处理系统中，硝酸盐氮的积累量最高。

此外，将三种不同水深处理系统中氨氮的降解速率与硝酸盐氮（硝态氮、亚硝态氮以及硝态氮＋亚硝态氮）的积累速率进行对比分析后发现，$0 \sim 20cm$ 以及

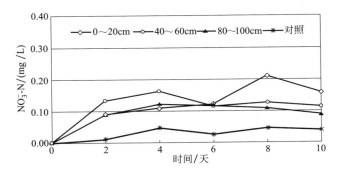

图 4.19　仿生植物附着生物膜系统中硝态氮的
产生情况（古运河河口）

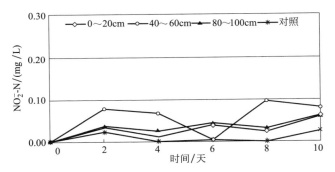

图 4.20　仿生植物附着生物膜系统中亚硝态氮的
产生情况（古运河河口）

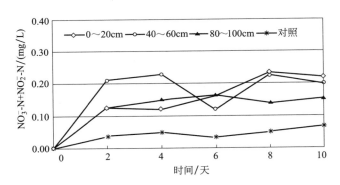

图 4.21　仿生植物附着生物膜系统中硝态氮＋亚硝态氮的
产生情况（古运河河口）

80～100cm 水深处理组，其附着生物膜对氨氮的降解速率与硝态氮含量及其硝态氮＋亚硝态氮之间具有显著的负相关关系（$P<0.05$）（表 4.11），表明以上试验组中硝酸盐氮的积累量与氨氮的去除率间具有明显的此消彼长的转化关系，系统内硝酸盐氮是氨氮硝化作用的直接产物。而 40～60cm 试验组内氨氮降解与硝态氮的积累值之间无显著的相关关系（$P>0.05$）（表 4.11），反映出这一试验组内氮循环过程更为复杂。

表 4.11　仿生植物附着生物膜氨氮降解速率与硝酸盐氮
积累速率间的相关系数 r（古运河河口）

差异源	0～20cm	40～60cm	80～100cm
硝态氮	−0.924[②]	−0.598	−0.907[①]
亚硝态氮	−0.587	−0.504	−0.674
硝态氮＋亚硝态氮	−0.924[②]	−0.608	−0.896[①]

①和②表示在 $P<0.05$ 和 $P<0.01$ 上的显著相关性。

进一步对仿生植物附着生物膜的硝化作用强度进行了分析，结果如图 4.22 和表 4.12 所示。由图可知，三种不同水深处的仿生植物附着生物膜硝化强度具有明显的差异，其中，0～20cm 试验组的硝化作用强度值分别介于 7.91～22.74mg/(kg·d)、5.82～33.23mg/(kg·d)、4.67～22.54mg/(kg·d)，三种水深处硝化作用强度值表现为：40～60cm＞0～20cm＞80～100cm。

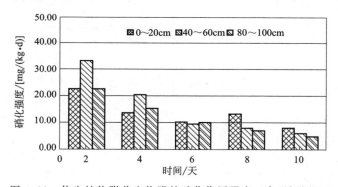

图 4.22　仿生植物附着生物膜的硝化作用强度（古运河河口）

表 4.12　不同水深处仿生植物附着生物膜的硝化作用强度的统计结果

项目	0～20cm	40～60cm	80～100cm
平均值/[mg/(kg·d)]	13.53	15.37	11.81
最小值/[mg/(kg·d)]	7.91	5.82	4.67
最大值/[mg/(kg·d)]	22.74	33.23	22.54
方差	5.64	11.46	7.20
变异系数/%	41.73	74.52	60.96

此外，对氨氮去除率以及硝化作用强度的大小作相关性分析（表 4.13、图 4.23），结果发现：三种不同水深处仿生植物附着生物膜硝化作用强度与氨氮之间具有显著的正相关关系，表明以上三个系统内氨氮的降解主要受系统内硝化作用的影响。

表 4.13　仿生植物附着生物膜氨氮浓度与硝化作用强度的相关系数 r（古运河河口）

项目	0~20cm	40~60cm	80~100cm
r	0.872①	0.976②	0.758

①和②表示在 $P<0.05$ 和 $P<0.01$ 上的显著相关性。

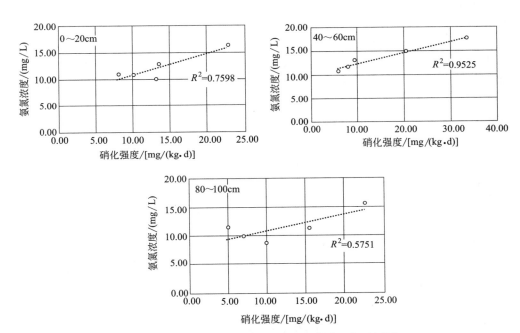

图 4.23　硝化作用强度与氨氮浓度的关系（古运河河口）

4.1.4　本节小结

本节主要将仿生植物布设到古运河河口进行野外挂膜，并对附着生物膜进行了后续的室内试验研究，力求对该点位的仿生植物附着生物膜对氨氮的降解效能进行系统分析，获得的主要结论如下。

① 在仿生植物挂膜的 1 年内，古运河水体的 pH、DO、水温、氨氮、硝态氮以及亚硝态氮具有一定的变化，其中，亚硝态氮浓度变化的幅度最大，变异系数达 98.78%，而 pH 的变化受季节的影响较小。水体 NH_4^+-N 浓度全年平均值为 0.18mg/L，小于 0.50mg/L，水质状况良好，属于地表水环境的 II

类水体。

② 仿生植物附着生物膜 NH_4^+-N、NO_2^--N、NO_3^--N 含量具有明显的季节变化。氨氮最高值出现在夏季，最低值出现在春季；生物膜 NO_3^--N 以及 NO_2^--N 的最高值出现在秋季，而最低值则出现在春季。仿生植物附着生物膜氮含量的变化受挂膜点位水质参数的密切影响，其中水体氨氮浓度越大，附着生物膜氨氮含量越高。同样的，水体硝态氮含量决定了生物膜中硝态氮及其亚硝态氮的含量。此外，仿生植物附着生物膜 NH_4^+-N、NO_2^--N、NO_3^--N 含量亦受到挂膜水深的显著影响，这与不同水深处水体微环境的差异有明显的关系。因此，仿生植物实际应用于自然水体时，应考虑挂膜季节及其布设水深对其附着生物膜的氮素含量的影响。

③ 四个季节的仿生植物附着生物膜对氨氮去除效率表现为：春季＞夏季＞冬季＞秋季，但各处理组间无显著差异，表明仿生植物附着生物膜在四个季节对水体氨氮均具有较好的处理效率。春、夏、秋季节的仿生植物附着生物膜硝化作用强度与氨氮之间具有显著的正相关关系，而冬季以及对照系统中的硝化作用强度与氨氮的去除之间的无显著性相关关系，表明仿生植物处理系统对氨氮的转化过程较为复杂。同样的，对于不同水深处的仿生植物附着生物膜而言，其对氨氮去除效率的平均值表现为：80～100cm＞0～20cm＞40～60cm，但三种水深的处理组间仍然无显著差异，同样表明三个不同水深处的仿生植物附着生物膜对水体氨氮均有较好的处理效率。此外，三种不同水深处仿生植物附着生物膜硝化作用强度与氨氮之间具有显著的正相关关系，表明三种不同水深的处理系统内氨氮的降解主要受系统内硝化作用的影响。

以上结论证明：仿生植物在古运河河口挂膜后，对水体氨氮具有较高的降解效能。

4.2 仿生植物在解放桥水体中附着生物膜对氮素的降解效能分析

4.2.1 解放桥水环境质量分析

4.2.1.1 挂膜阶段解放桥水体温度的变化分析

挂膜阶段解放桥水体温度随时间的变化情况如图 4.24 及表 4.14 所示，其中，温度最高值出现在夏季 8 月份，而最低温度则出现在冬季 2 月份，变异系数为 45.57%，处于中等变异。

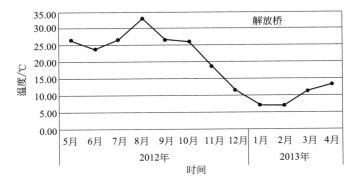

图 4.24　挂膜阶段解放桥水体温度随时间的变化情况

表 4.14　挂膜阶段解放桥水体理化参数的统计结果

项目	温度/℃	pH	亚硝态氮/(mg/L)	硝态氮/(mg/L)	氨氮/(mg/L)	溶解氧/(mg/L)
平均值	19.38	7.60	0.10	0.58	2.57	5.17
最小值	7.00	6.91	0.01	0.04	0.39	1.51
最大值	32.90	8.64	0.54	1.00	9.14	8.83
方差	8.83	0.49	0.14	0.28	2.62	2.28
变异系数/%	45.57	6.50	136.00	48.43	101.96	44.05

4.2.1.2　挂膜阶段解放桥水体 pH 的变化分析

挂膜阶段解放桥水体 pH 随时间的变化情况如图 4.25 和表 4.14 所示，其中，pH 介于 6.91~8.64 之间，最高值出现在 2012 年 8 月份，而最低值则出现在 2013 年 4 月份，pH 值的变异系数仅为 6.50%，表明解放桥水体 pH 值的变化幅度极小。

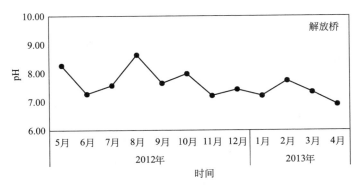

图 4.25　挂膜阶段解放桥水体 pH 随时间的变化情况

4.2.1.3 挂膜阶段解放桥水体 DO 的变化分析

挂膜阶段解放桥水体 DO 含量随时间的变化情况如图 4.26 和表 4.14 所示，整个挂膜阶段，该点位的水体 DO 介于 $1.51 \sim 8.83 mg/L$ 之间，平均值为 $5.17 mg/L$，总体呈现为好氧状态，但该点位位于镇江市市区，受外界干扰较大，在 2012 年 6 月以及 2013 年 1 月，水体 DO 含量低于 $2.0 mg/L$，呈厌氧状态。

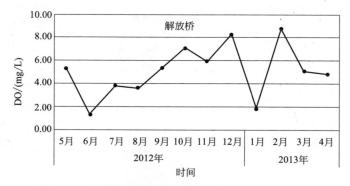

图 4.26　挂膜阶段解放桥水体 DO 随时间的变化情况

4.2.1.4 挂膜阶段各采样点水体氮素含量变化

挂膜阶段解放桥水体 $NO_2^- \text{-} N$、$NO_3^- \text{-} N$ 以及 $NH_4^+ \text{-} N$ 含量变化情况如图 4.27 以及表 4.14 所示。由图可知，三种形态氮随时间呈现出波动变化状态，其中，水体 $NO_2^- \text{-} N$、$NO_3^- \text{-} N$ 以及 $NH_4^+ \text{-} N$ 含量分别介于 $0.01 \sim 0.54 mg/L$、$0.04 \sim 1.00 mg/L$ 以及 $0.39 \sim 9.14 mg/L$ 之间，其中最低值分别出现在 2012 年 5 月、2013 年 2 月以及 2012 年 8 月；其中，$NH_4^+ \text{-} N$ 浓度在 2012 年 1 月出现了极大值，为 $9.14 mg/L$，与此同时，$NO_2^- \text{-} N$ 浓度亦达到了监测时间段内的最高值，

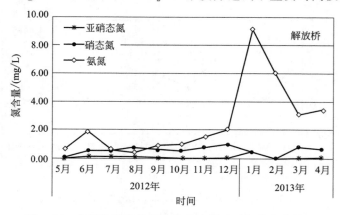

图 4.27　挂膜阶段解放桥水体氮含量随时间的变化情况

可能是该月份解放桥附近有外源污染排入。总体而言，解放桥水体氮素表现为：$NH_4^+-N > NO_3^--N > NO_2^--N$。

4.2.2 解放桥水体中仿生植物附着生物膜氮素含量分析

4.2.2.1 仿生植物附着生物膜氮素含量随挂膜季节的变化规律

对解放桥挂膜后的仿生植物附着生物膜 NH_4^+-N、NO_2^--N、NO_3^--N 含量进行测定，结果如图 4.28～图 4.30 以及表 4.15 所示。由图表可知，仿生植物附着生物膜氮含量具有明显的季节变化。其中，氨氮、硝态氮、亚硝态氮的最高值均出现在冬季，含量分别达 0.66mg/g、17.27μg/g 以及 1.81μg/g，究其原因，可能是解放桥地段冬季河道水流较缓，水深较浅，同时，上游污染物大量排放以及周围城市居民污水的零处理排放，使得生物膜氮含量相对其他季节明显偏高。氨氮最低值出现在夏季，含量仅为冬季的 0.21 倍。生物膜 NO_3^--N 以及 NO_2^--N 最低值均出现在秋季，含量仅为冬季的 0.58 倍、0.36 倍。此外，生物膜 NH_4^+-N 含量的变异系数为 70.03%，远高于 NO_2^--N、NO_3^--N 含量的变异系数，表明仿生植物在解放桥样点挂膜过程中，其附着生物膜 NH_4^+-N 含量变化幅度比其余两种氮形态要大。

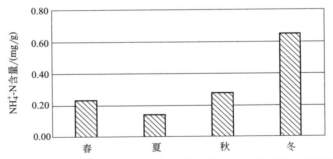

图 4.28 仿生植物上附着的 NH_4^+-N 量随季节变化的情况（解放桥）

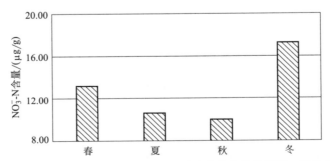

图 4.29 仿生植物上附着的 NO_3^--N 量随季节变化的情况（解放桥）

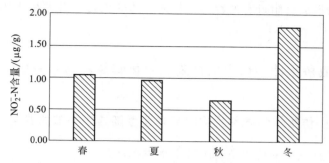

图 4.30　仿生植物上附着的 NO_2^--N 量随季节变化的情况（解放桥）

表 4.15　仿生植物在解放桥不同季节挂膜后其生物膜氮含量的统计结果

项目	氨氮/(mg/g)	硝态氮/(μg/g)	亚硝态氮/(μg/g)
平均值	0.33	12.73	1.11
最小值	0.14	9.98	0.64
最大值	0.66	17.27	1.81
方差	0.23	3.32	0.49
变异系数/%	70.03	26.10	44.22

　　仿生植物附着生物膜氮含量的变化与挂膜点的水质参数间存在密切的关系（表 4.16）。由表 4.16 所示，仿生植物附着生物膜氨氮、硝态氮以及亚硝态氮的含量均与水体氨氮以及亚硝态氮之间存在极显著的正相关关系（$P < 0.01$），表明水体氨氮以及亚硝态氮浓度越大，附着生物膜三种形态的氮含量越高。此外，生物膜氨氮、硝态氮以及亚硝态氮的含量与水体 DO 以及水温之间存在显著的负相关关系（$P < 0.05$），意味着较高的 DO 含量以及较高的水温条件下，附着生物膜氮含量较低。

表 4.16　仿生植物附着生物膜氮素含量与解放桥水质参数的相关系数

项目	生物膜氨氮	生物膜硝态氮	生物膜亚硝态氮
生物膜氨氮	1.000	0.876[②]	0.847[②]
生物膜硝态氮	0.876[②]	1.000	0.966[②]
生物膜亚硝态氮	0.847[②]	0.966[②]	1.000
水体亚硝态氮	0.910[②]	0.832[②]	0.910[②]
水体硝态氮	−0.127	−0.519	−0.366
水体氨氮	0.987[②]	0.881[②]	0.892[②]
水体 DO	−0.679[①]	−0.740[①]	−0.888[②]
水体温度	−0.956[②]	−0.728[①]	−0.656[①]
水体 pH	−0.742[①]	−0.369	−0.271

　　①和②表示在 $P < 0.05$ 和 $P < 0.01$ 上的显著相关性。

4.2.2.2 仿生植物附着生物膜氮素含量随挂膜水深的变化规律

仿生植物附着生物膜氮素含量随水深变化情况如图 4.31~图 4.33 以及表 4.17 所示。由图 4.31 和表 4.17 可知,不同水深处仿生植物附着生物膜氨氮含量介于 $0.13\sim0.15\text{mg/g}$ 之间,且最高值出现在水面下 $0\sim20\text{cm}$ 处,最低值则出现在水面下 $80\sim100\text{cm}$ 处,表明解放桥样点挂膜后仿生植物上附着的 NH_4^+-N 含量随深度的增加逐渐减小。硝态氮和亚硝态氮含量介于 $10.53\sim11.25\mu\text{g/g}$ 以

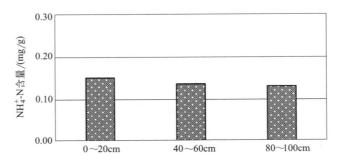

图 4.31 仿生植物上附着的 NH_4^+-N 量随水深变化的情况(解放桥)

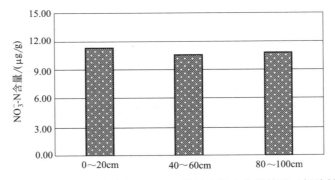

图 4.32 仿生植物上附着的 NO_3^--N 量随水深变化的情况(解放桥)

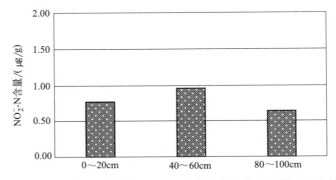

图 4.33 仿生植物上附着的 NO_2^--N 量随水深变化的情况(解放桥)

表 4.17　仿生植物在解放桥不同水生处挂膜后其生物膜氮含量的统计结果

项目	氨氮/(mg/g)	硝态氮/(μg/g)	亚硝态氮/(μg/g)
平均值	0.14	10.85	0.79
最小值	0.13	10.53	0.64
最大值	0.15	11.25	0.96
方差	0.01	0.36	0.16
变异系数/%	7.46	3.34	19.76

及 $0.64\sim0.96\mu g/g$ 之间，其中硝态氮最高值出现在水面下 $0\sim20cm$ 处，亚硝态氮最高值则出现在水下 $40\sim60cm$ 处。而硝态氮以及亚硝态氮的最低值出现在水下 $40\sim60cm$ 以及水下 $80\sim100cm$ 处。可见，仿生植物附着生物膜在不同水深处的动态变化与不同水深处水体微环境的差异有明显的关系。

4.2.3　仿生植物在解放桥附着生物膜对氮素的降解效能分析

4.2.3.1　四个季节的仿生植物附着生物膜对氨氮的降解效能研究

仿生植物在解放桥挂膜后，分别对四个季节采集的生物膜样品进行氮素降解效能的室内试验研究，结果如图 4.34 所示。由图可知，各试验组 NH_4^+-N 浓度均随着培养时间的延长而逐渐降低。试验结束时，各试验组氨氮分别由初始的 $20.00mg/L$ 降至 $10.41mg/L$、$8.86mg/L$、$9.29mg/L$、$10.08mg/L$，NH_4^+-N 的去除率分别为 47.95%（春季）、55.72%（夏季）、53.54%（秋季）和 49.49%（冬季），其去除率分别为无仿生植物附着生物膜的对照系统的 1.62 倍、1.89 倍、1.81 倍、1.68 倍，表明较无仿生植物的对照系统而言，仿生植物附着生物膜的存在大大提高了培养系统对氨氮的降解能力。此外，四个季节的仿生植物附着生物膜对氨氮去除效率表现为：夏季＞秋季＞冬季＞春季，但氨氮去除率的单因素方差分析结果表明（表 4.18），四个季节处理组间无显著差异，表明仿生植物附着生物膜在四个季节对水体氨氮均具有较好的处理效率。

季节对仿生植物附着微生物降解水中氨氮具有重要的影响。夏季和秋季水体温度均值为 $28.8℃$ 和 $18.8℃$，适合的水温使硝化细菌繁殖代谢能力较其他季节增强，由此促进氨氮降解能力加快，水体氨氮浓度逐渐减小；而冬季和春季受季节的影响水温偏低，微生物活性将显著降低，对氨氮的降解能力减弱，水体净化功能明显下降。此外，较试验组而言，无仿生植物的对照组对氨氮的降解能力相差较大，NH_4^+-N 浓度由初始的 $20.00mg/L$ 降为 $14.09mg/L$，去除率仅为 29.55%，由此表明，仿生植物附着生物膜的存在大大提高了培养系统对氨氮的降解能力，这与仿生植物附着氮循环功能微生物的硝化作用过程紧密相关。

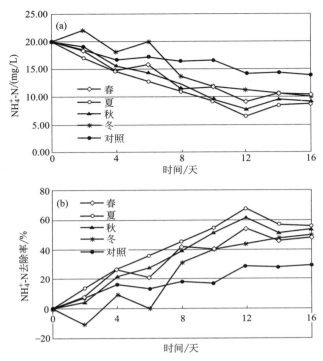

图 4.34　仿生植物附着生物膜对氨氮降解效能的影响（解放桥）

表 4.18　仿生植物附着生物膜在不同季节对氨氮去除效果的方差分析（解放桥）

差异源	SS	df	MS	F	P 值	F 临界值
组间	2835.94	4	708.99	1.754	0.157	2.606
组内	16164.56	40	404.119			
总计	19000.50	44				

　　由图 4.34（a）可知，在试验第 1～6 天的时间内，冬季试验组氨氮浓度一直居于对照组之上，原因可能是解放桥河段是流经镇江市最繁华地段的河流，河水水质在冬季污染较重，水深较浅，水流较缓，河水散发恶臭，冬季较低的河水温度使得大量的微生物逐渐死亡，这使得水体中氨氮的降解速率受到严重制约。由现场水质监测可知，解放桥冬季水体 NH_4^+-N 含量平均值高达 6.09mg/L，NH_4^+-N 浓度明显超标，较劣 V 水质的标准高出 4.09mg/L，因此，冬季生物膜上氨氮吸附量较多，导致试验培养体系中的氨氮浓度较其他季节组偏高，从而使得试验初期微生物适应较高氨氮浓度的时间较其他组偏长。朴栋海以及徐瑛等研究发现，氨氮的去除率并非随浓度的升高而增大，氨氮浓度超出一定范围，抑制硝化反应的进行，氨氮去除率会明显下降，这与本部分的结论相似。

　　仿生植物对氨氮降解过程中，处理系统中硝酸盐氮的变化情况如图 4.35～

图 4.37 所示。由图可知，四个季节的仿生植物处理系统中，硝态氮含量随培养时间的延长均呈现出先增高后降低的变化趋势，具体表现为 $NO_3^- $-N 浓度在前 1～4 天表现为快速增加，而后 4～10 天内又迅速下降，直至趋于平衡。其中，春、夏、秋、冬四个季节的仿生植物附着生物膜系统中，$NO_3^- $-N 含量在试验第 4 天增加到 0.081mg/L、0.150mg/L、0.188mg/L、0.180mg/L，随后，$NO_3^- $-N 含量分别逐渐降低至 0.055mg/L、0.085mg/L、0.074mg/L、0.072mg/L。对于 $NO_2^- $-N 而言，整个培养期间，四个系统中的 $NO_3^- $-N 含量呈现出升高-降低-升高-降低的波动变化趋势。$NO_3^- $-N＋$NO_2^- $-N 的含量的变化趋势与 $NO_3^- $-N 相似，呈现出先增加随后降低至平稳的变化趋势，在试验结束时，其含量为 0.13mg/L、0.17mg/L、0.14mg/L、0.14mg/L，分别较对照系统高 1.82 倍、2.27 倍、1.87 倍以及 1.96 倍。其中，秋季仿生植物附着生物膜处理系统中，硝酸盐氮的积累速率最快。

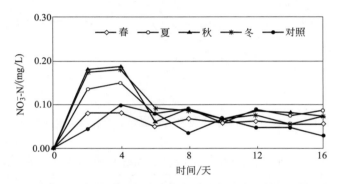

图 4.35 仿生植物附着生物膜系统中硝态氮的产生情况（解放桥）

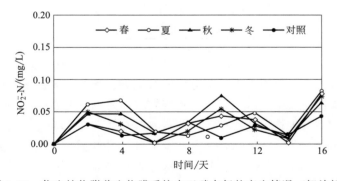

图 4.36 仿生植物附着生物膜系统中亚硝态氮的产生情况（解放桥）

　　此外，将四个处理系统中氨氮的降解速率与硝酸盐氮（硝态氮、亚硝态氮以及硝态氮＋亚硝态氮）的积累速率进行对比分析后发现，二者之间均无显著的相关关系（$P > 0.05$)(表 4.19)，表明硝酸盐氮的积累量与氨氮的去除率间不具有

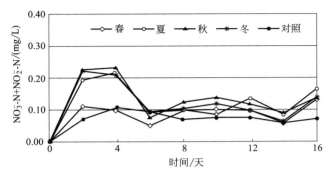

图 4.37 仿生植物附着生物膜系统中硝态氮＋亚硝态氮的产生情况（解放桥）

明显的此消彼长的转化关系，且 NO_3^--N 的积累速率小于 NH_4^+-N 的转化速率，这一结果表明，处理系统内可能具有较为复杂的氮循环过程，培养体系随时间的推移，在条件适宜的情况下发生了短程硝化反应，即 NH_4^+-N 大部分经氨氧化菌转化成 NO_2^--N 积累，只有少部分经亚硝酸氧化菌的硝化作用最终转化成 NO_3^--N 积累在水体中，但是 NO_2^--N 不稳定，易被还原为 N_2O 和 NO，氮素最终以气体形式排出水体，所以在试验结束时测得的 NO_3^--N 浓度较低。有研究表明，环境温度为 28～30℃（王敏等，2009；吴雪等，2013）、pH 控制在 7.0～9.0 范围内（高大文等，2005；闫立龙等，2011）、DO 在 1.50mg/L 以下（王少坡等，2005；张赛军，2010）时，NH_4^+-N 的去除率和 NO_2^--N 的积累率都较高，短程硝化系统能够稳定运行；此外，异养微生物的存在可能促使积累的 NO_3^--N 发生了反硝化反应。这两个因素共同导致了水体中 NH_4^+-N 去除率和 NO_3^--N 转化率未成显著负相关性。

表 4.19 仿生植物附着生物膜氨氮降解速率与硝酸盐氮积累速率间的相关系数 r（解放桥）

差异源	春	夏	秋	冬	对照
硝态氮	−0.377	−0.109	0.167	0.380	−0.207
亚硝态氮	−0.505	−0.182	−0.352	−0.306	−0.505
硝态氮＋亚硝态氮	−0.539	−0.149	0.016	0.197	−0.421

进一步对仿生植物附着生物膜的硝化作用强度进行了分析，结果如图 4.38 和表 4.20 所示。由图可知，仿生植物附着生物膜硝化强度具有明显的季节差异，其中，四个季节的硝化作用强度值分别介于 3.04～20.36mg/(kg·d)、2.88～33.83mg/(kg·d)、3.22～45.51mg/(kg·d)、3.36～43.73mg/(kg·d)，平均值分别高于对照 1.18 倍、1.90 倍、2.33 倍和 2.32 倍，四个季节的值表现为：秋＞冬＞夏＞春。

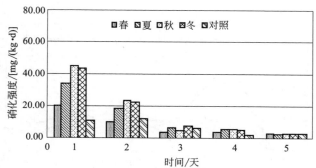

图 4.38　仿生植物附着生物膜的硝化作用强度（解放桥）

表 4.20　仿生植物附着生物膜的硝化作用强度统计结果（解放桥）

项目	春	夏	秋	冬	对照
平均值/[mg/(kg·d)]	8.40	13.49	16.62	16.54	7.12
最小值/[mg/(kg·d)]	3.04	2.88	3.22	3.36	2.27
最大值/[mg/(kg·d)]	20.36	33.83	45.51	43.73	12.16
方差	7.23	12.92	18.12	16.97	4.43
变异系数/%	85.98	95.72	109.03	102.65	62.18

　　硝化作用强度的大小直接影响到处理系统对氨氮的降解效能，因此，进一步对氨氮去除率以及硝化作用强度的大小作相关性分析（表 4.21、图 4.39），结果发现春、夏、秋季节的仿生植物附着生物膜硝化作用强度与氨氮之间具有显著的正相关关系，表明以上三个系统内氨氮的降解受系统内硝化作用的影响较为明显，而冬季以及对照系统中的硝化作用强度与氨氮的去除之间无显著性相关关系，表明以上系统内氨氮的转化过程较为复杂。

表 4.21　仿生植物附着生物膜氨氮降解速率与硝化作用强度的相关系数 r（解放桥）

项目	春	夏	秋	冬	对照
r	0.825[①]	0.941[②]	0.900[①]	0.767	0.576

①和②表示在 $P<0.05$ 和 $P<0.01$ 上的显著相关性。

4.2.3.2　不同水深下仿生植物附着生物膜对氨氮的降解效能研究

　　仿生植物在解放桥挂膜后，分别对三个不同水深处采集的生物膜样品进行氮素降解效能的室内试验研究，结果如图 4.40、图 4.41 所示。由图可知，各试验组 NH_4^+-N 浓度均随着培养时间的延长逐渐降低。试验结束时，各试验组氨氮分别由初始的 20.00mg/L 降至 9.97mg/L、9.13mg/L、10.74mg/L，NH_4^+-N 的去除率分别为 50.13%（0~20cm）、54.36%（40~60cm）和 46.32%（80~

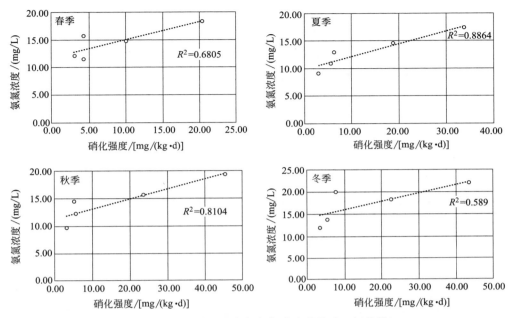

图 4.39　硝化作用强度与氨氮浓度的关系（解放桥）

100cm），其去除率分别为无仿生植物附着生物膜的对照组的 9.01 倍、9.77 倍以及 8.33 倍，而且三种不同水深处理组氨氮去除效率与对照组间存在显著的差异（$P < 0.05$）（表 4.22），表明较无仿生植物的对照系统而言，三种不同水深处的仿生植物附着生物膜的存在大大提高了培养系统对氨氮的降解能力。此外，三个不同水深处的仿生植物附着生物膜对氨氮去除效率的平均值表现为：40～60cm＞0～20cm＞80～100cm，但氨氮去除率的单因素方差分析结果表明（表 4.23），三种水深的处理组间无显著差异，表明三个不同水深处的仿生植物附着生物膜对水体氨氮均具有较好的处理效率。

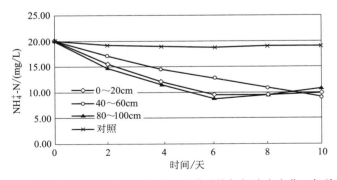

图 4.40　不同水深处仿生植物附着生物膜系统氨氮浓度变化（解放桥）

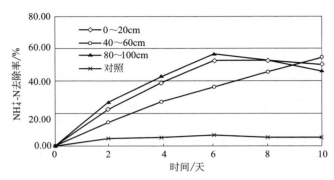

图 4.41　不同水深处仿生植物附着生物膜对氨氮降解效能的影响（解放桥）

表 4.22　仿生植物附着生物膜在不同水深处氨氮去除效果与对照系统的方差分析（解放桥）

差异源	SS	df	MS	F	P 值	F 临界值
组间	4251.940	3	1417.31	4.336	0.017	3.098
组内	6537.757	20	326.888			
总计	10789.697	23				

表 4.23　仿生植物附着生物膜在不同水深处对氨氮去除效果的方差分析（解放桥）

差异源	SS	df	MS	F	P 值	F 临界值
组间	224.090	2	112.045	0.258	0.776	3.682
组内	6510.840	15	434.056			
总计	6734.930	17				

仿生植物对氨氮降解过程中三种不同水深的处理系统中硝酸盐氮的变化情况如图 4.42～图 4.44 所示。由图可知，三种不同水深的仿生植物处理系统中，硝酸盐氮含量随培养时间的延长同样呈现出波动变化的趋势。其中，在试验第 8、4 和 6 天，三种不同水深处理组的 $NO_3^- $-N 含量分别积累到最高值，含量分别为 0.097mg/L、0.150mg/L 和 0.110mg/L。相应的，$NO_2^- $-N 含量则分别累积到 0.008mg/L、0.06mg/L 以及 0.05mg/L，但出现极值的时间与 $NO_3^- $-N 有所差异。此外，$NO_3^- $-N+$NO_2^- $-N 的含量在试验的第 10、4 天以及第 6 天内快速增加至最高浓度，含量为 0.140mg/L、0.217mg/L、0.139mg/L，分别较对照系统高 2.12 倍、3.29 倍以及 2.11 倍。其中，40～60cm 水深条件下仿生植物附着生物膜处理系统中，硝酸盐氮的积累量最高。

此外，将三种不同水深处理系统中氨氮的降解速率与硝酸盐氮（硝态氮、亚硝态氮以及硝态氮＋亚硝态氮）的积累速率进行对比分析后发现，0～20cm 以及 80～100cm 水深处理组，其附着生物膜对氨氮的降解速率与硝态氮含量及其硝态氮＋亚硝态氮之间具有显著的负相关关系（$P<0.01$）(表 4.24)，表明以上试验组中硝酸盐氮的积累量与氨氮的去除率间具有明显的此消彼长的转化关系，

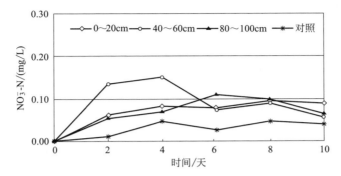

图 4.42　仿生植物附着生物膜系统中硝态氮的产生情况（解放桥）

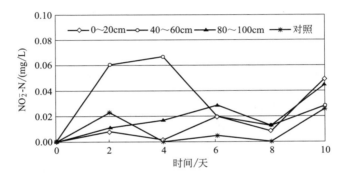

图 4.43　仿生植物附着生物膜系统中亚硝态氮的产生情况（解放桥）

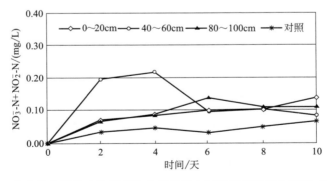

图 4.44　仿生植物附着生物膜系统中硝态氮＋亚硝态氮的产生情况（解放桥）

系统内硝酸盐氮是氨氮硝化作用的直接产物。而 40～60cm 试验组内氨氮降解与硝态氮的积累值之间无显著的相关关系（$P>0.05$）(表 4.24)，反映出这两组内氮循环过程更为复杂。

表 4.24　仿生植物附着生物膜氨氮浓度与硝酸盐氮积累速率间的相关系数 *r*（解放桥）

差异源	0～20cm	40～60cm	80～100cm
硝态氮	−0.940[①]	−0.168	−0.969[①]
亚硝态氮	−0.536	0.023	0.661
硝态氮＋亚硝态氮	−0.924[①]	−0.107	−0.984[①]

①表示在 *P*＜0.01 上的显著相关性。

　　进一步对仿生植物附着生物膜的硝化作用强度进行了分析，结果如图 4.45 和表 4.25 所示。由图可知，三种不同水深处的仿生植物附着生物膜硝化强度具有明显的差异，其中，0～20cm 试验组的硝化作用强度值分别介于 4.51～15.61mg/(kg·d)、2.88～33.83mg/(kg·d)、3.32～14.03mg/(kg·d)，三种水深处硝化作用强度值表现为：40～60cm＞0～20cm＞80～100cm。

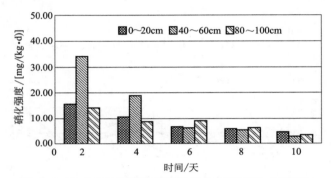

图 4.45　仿生植物附着生物膜的硝化作用强度（解放桥）

表 4.25　不同水深处仿生植物附着生物膜的硝化作用强度的统计结果

项目	0～20cm	40～60cm	80～100cm
平均值/[mg/(kg·d)]	8.64	13.49	8.29
最小值/[mg/(kg·d)]	4.51	2.88	3.32
最大值/[mg/(kg·d)]	15.61	33.83	14.03
方差	4.47	12.92	3.98
变异系数/%	51.76	95.72	48.00

　　此外，氨氮去除率以及硝化作用强度的大小作相关性分析（表 4.26、图 4.46），结果发现：0～20cm 以及 40～60cm 两种水深处仿生植物附着生物膜硝化作用强度与氨氮之间具有显著的正相关关系，表明以上两个系统内氨氮的降解主要受系统内硝化作用的影响。

表 4.26　仿生植物附着生物膜氨氮浓度与硝化作用强度的相关系数 *r*（解放桥）

项目	0～20cm	40～60cm	80～100cm
r	0.9664[①]	0.941[①]	0.646

①表示在 *P*＜0.05 上的显著相关性。

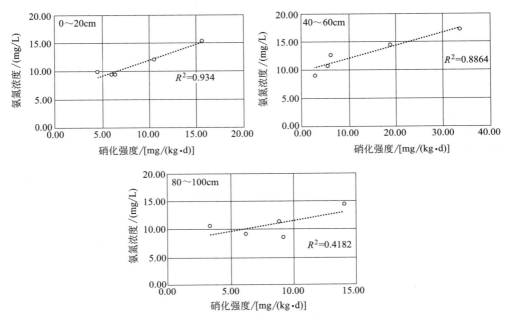

图 4.46　硝化作用强度与氨氮浓度的关系（解放桥）

4.2.4　本节小结

本节主要将仿生植物布设到解放桥进行野外挂膜，并对附着生物膜进行了后续的室内试验研究，力求对该点位的仿生植物附着生物膜对氨氮的降解效能进行系统分析，获得的主要结论如下。

① 在仿生植物挂膜的 1 年内，解放桥水体的 pH、DO、水温、氨氮、硝态氮以及亚硝态氮具有一定的变化，其中，亚硝态氮浓度变化的幅度最大，变异系数达 136.00%，而 pH 的变化受季节的影响较小。水体 NH_4^+-N 浓度全年平均值为 2.57mg/L，DO 介于 1.51～8.83mg/L，总体呈现为好氧状态，该点位位于镇江市市区，受外界干扰较大。

② 仿生植物附着生物膜 NH_4^+-N、NO_2^--N、NO_3^--N 含量具有明显的季节变化。氨氮、硝态氮、亚硝态氮的最高值均出现在冬季，而最低值出现的时间没有一致性。仿生植物附着生物膜氮含量的变化与挂膜点位水体理化参数之间具有密切的关系，其中水体氨氮、亚硝态氮浓度越大，附着生物膜氨氮含量越高。此外，仿生植物附着生物膜 NH_4^+-N、NO_2^--N、NO_3^--N 含量亦受到挂膜水深的显著影响，这与不同水深处水体微环境的差异有明显的关系。

③ 四个季节的仿生植物附着生物膜对氨氮去除效率表现为：夏季＞秋季＞

冬季＞春季，但各处理组间无显著差异，表明仿生植物附着生物膜在四个季节对水体氨氮均具有较好的处理效率。春、夏、秋季节的仿生植物附着生物膜硝化作用强度与氨氮之间具有显著的正相关关系，而冬季以及对照系统中的硝化作用强度与氨氮的去除之间无显著性相关关系，表明仿生植物处理系统对氨氮的转化过程较为复杂。同样的，对于不同水深处的仿生植物附着生物膜而言，其对氨氮去除效率的平均值表现为：40～60cm＞0～20cm＞80～100cm，但三种水深的处理组间仍然无显著差异，同样表明三种不同水深处的仿生植物附着生物膜对水体氨氮均具有较好的处理效率。此外，0～20cm 以及 40～60cm 两种水深处仿生植物附着生物膜硝化作用强度与氨氮之间具有显著的正相关关系，表明 0～20cm 以及 40～60cm 两种水深处的仿生植物处理系统内氨氮的降解主要受系统内硝化作用的影响。

以上结论证明：仿生植物在解放桥挂膜后，对水体氨氮具有较高的降解效能。

4.3 仿生植物在团结河水体中附着生物膜对氮素的降解效能分析

4.3.1 团结河水环境质量分析

4.3.1.1 挂膜阶段团结河水体温度的变化分析

挂膜阶段团结河水体温度随时间的变化情况如图 4.47 及表 4.27 所示，其中，最高值出现在夏季 8 月份，而最低温度则出现在冬季 1 月份，变异系数为 44.94％，处于中等变异。

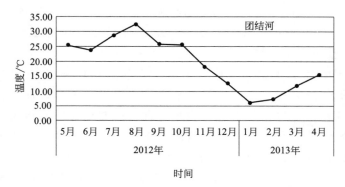

图 4.47 挂膜阶段团结河水体温度随时间的变化情况

表 4.27 挂膜阶段团结河水体理化参数的统计结果

项目	温度/℃	pH	亚硝态氮/(mg/L)	硝态氮/(mg/L)	氨氮/(mg/L)	溶解氧/(mg/L)
平均值	19.48	7.22	0.06	0.24	5.11	2.13
最小值	6.00	6.81	0.00	0.03	1.92	0.42
最大值	32.60	7.60	0.48	2.07	7.78	5.99
方差	8.75	0.23	0.15	0.58	1.73	1.52
变异系数/%	44.94	3.22	236.80	245.94	33.78	71.37

4.3.1.2 挂膜阶段团结河水体 pH 的变化分析

挂膜阶段团结河水体 pH 随时间的变化情况如图 4.48 和表 4.27 所示,其中,pH 介于 6.81～7.60 之间,最高值出现在 2012 年 7 月份,而最低值则出现在 2012 年 10 月份,pH 值的变异系数仅为 3.22%,表明团结河水体 pH 值的变化幅度极小。

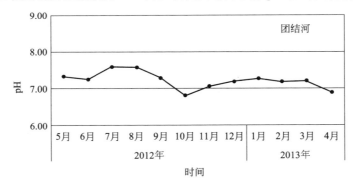

图 4.48 挂膜阶段团结河水体 pH 随时间的变化情况

4.3.1.3 挂膜阶段团结河水体 DO 的变化分析

挂膜阶段团结河水体 DO 随时间的变化情况如图 4.49 和表 4.27 所示,整个挂膜阶段,该点位的水体 DO 介于 0.42～5.99mg/L,平均值仅为 2.13mg/L,全年中有半年以上时间,其 DO 含量低于 2mg/L,表明该河总体呈现为缺氧状态。

4.3.1.4 挂膜阶段各采样点水体氮素含量变化

挂膜阶段团结河水体 $NO_2^- $-N、$NO_3^- $-N 以及 $NH_4^+ $-N 含量变化情况如图 4.50 以及表 4.27 所示。由图可知,三种形态氮随时间呈现出波动变化状态,其中,水体 $NO_2^- $-N、$NO_3^- $-N 以及 $NH_4^+ $-N 含量分别介于 0.00～0.48mg/L、0.03～2.07mg/L 以及 1.92～7.78mg/L 之间,其中,$NH_4^+ $-N 浓度在 2013 年 4 月出现了极大值,而 $NO_2^- $-N 以及 $NO_3^- $-N 的浓度在 2013 年 1 月出现最高值。总体而言,团结河水体氮素表现为:$NH_4^+ $-N>$NO_3^- $-N>$NO_2^- $-N。

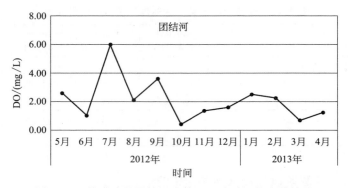

图 4.49　挂膜阶段团结河水体 DO 随时间的变化情况

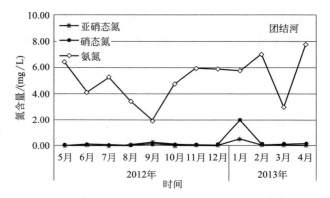

图 4.50　挂膜阶段团结河水体氮含量随时间的变化情况

4.3.2　团结河水体中仿生植物附着生物膜氮素含量分析

4.3.2.1　仿生植物附着生物膜氮素含量随挂膜季节的变化规律

对团结河挂膜后的仿生植物附着生物膜 NH_4^+-N、NO_2^--N、NO_3^--N 含量进行测定，结果如图 4.51～图 4.53 以及表 4.28 所示。由图表可知，仿生植物附着生物膜氮含量具有明显的季节变化。其中，氨氮、硝态氮、亚硝态氮的最高值分别出现在冬季、秋季以及夏季，其含量分别达 0.45mg/g、9.82μg/g 以及 2.25μg/g。氨氮最低值出现在春季，含量为冬季的 0.45 倍。生物膜 NO_3^--N 以及 NO_2^--N 最低值均出现在冬季，含量分别为冬季的 0.76 倍以及夏季的 0.62 倍。此外，生物膜 NH_4^+-N、NO_2^--N、NO_3^--N 含量的变异系数分别为 40.39%、11.58% 以及 21.41%，表现为中等变异程度，表明仿生植物在团结河样点挂膜过程中，其附着生物膜氮含量变化为中等变化水平。

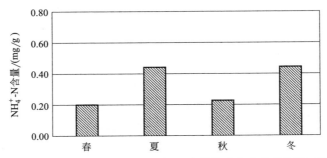

图 4.51　仿生植物附着生物膜中 NH_4^+-N 含量随季节变化的情况（团结河）

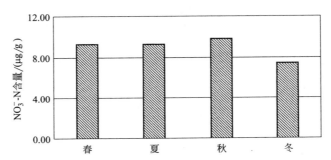

图 4.52　仿生植物附着生物膜中 NO_3^--N 含量随季节变化的情况（团结河）

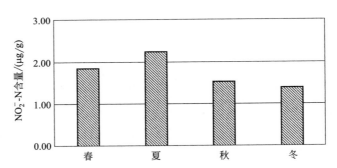

图 4.53　仿生植物附着生物膜中 NO_2^--N 含量随季节变化的情况（团结河）

表 4.28　仿生植物在团结河不同季节挂膜后其生物膜氮含量的统计结果

项目	氨氮/(mg/g)	硝态氮/(μg/g)	亚硝态氮/(μg/g)
平均值	0.33	8.95	1.76
最小值	0.20	7.44	1.40
最大值	0.45	9.82	2.25
方差	0.13	1.04	0.38
变异系数/%	40.39	11.58	21.41

仿生植物附着生物膜氮含量的变化与挂膜点的水质参数间的密切关系见表4.29。由表4.29所示，仿生植物生物膜氨氮含量与水体氨氮浓度之间存在显著的负相关关系（$P<0.05$），与亚硝态氮含量间存在显著的正相关关系（$P<0.05$）。生物膜硝态氮含量则与水体硝态氮以及亚硝态氮含量间均存在显著的负相关关系（$P<0.05$），而生物膜亚硝态氮与水体硝态氮以及氨氮含量间存在显著的负相关关系（$P<0.05$），表明水体氮素的含量对仿生植物附着生物膜氮素含量有很大的影响。此外，生物膜硝态氮以及亚硝态氮的含量与水温之间存在显著的正相关关系（$P<0.01$），意味着在较高的水温条件下附着生物膜氮含量较高。

表 4.29　仿生植物附着生物膜氮素含量与团结河水质参数的相关系数

项目	生物膜氨氮	生物膜硝态氮	生物膜亚硝态氮
生物膜氨氮	1.000	-0.652	0.161
生物膜硝态氮	-0.652	1.000	0.449
生物膜亚硝态氮	0.161	0.449	1.000
水体亚硝态氮	0.633[①]	-0.973[②]	-0.591
水体硝态氮	0.589	-0.966[②]	-0.634[①]
水体氨氮	-0.687[①]	-0.085	-0.748[①]
水体 DO	0.280	-0.630	0.116
水体温度	-0.164	0.714[①]	0.941[②]
水体 pH	0.581	-0.086	0.851[②]

①和②表示在 $P<0.05$ 和 $P<0.01$ 上的显著相关性。

4.3.2.2　仿生植物附着生物膜氮素含量随挂膜水深的变化规律

仿生植物附着生物膜氮素含量随水深变化情况如图4.54～图4.56以及表4.30所示。其中水深是指仿生植物辅助单元自水面向下悬挂的高度，水面记为0cm，自水面往水下分别设置了0～20cm、40～60cm和80～100cm为挂膜高度。由图4.54和表4.30可知，不同水深处仿生植物附着生物膜氨氮含量介于0.38～0.46mg/g之间，且最高值出现在水下80～100cm处，最低值则出现在水下80～100cm和0～20cm处。硝态氮和亚硝态氮含量介于6.65～9.27μg/g以及1.85～2.25μg/g之间，其中二者最高值出现在水下40～60cm水深处，而最低值分别出现在水下0～20cm处。可见，仿生植物附着生物膜在不同水深处的动态变化与不同水深处水体微环境的差异有明显的关系。其中，团结河水质情况与周围农田有密切关系，团结河是人工挖掘的土垒河道，河道较浅，并且其周围拥有大量农田，农耕施用的氮肥通过雨水冲刷或地下水渗透作用进入水体内，因此，团结河水质受到氮素污染程度相对于其他河段较重。

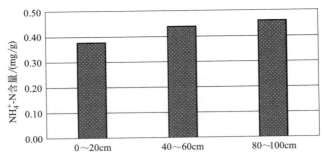

图 4.54 仿生植物附着生物膜中 NH_4^+-N 含量随水深变化的情况（团结河）

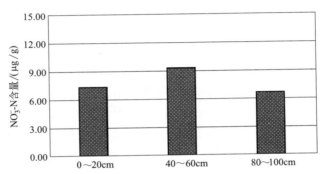

图 4.55 仿生植物附着生物膜中 NO_3^--N 含量随水深变化的情况（团结河）

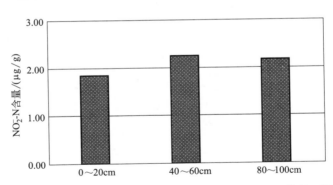

图 4.56 仿生植物附着生物膜中 NO_2^--N 含量随水深变化的情况（团结河）

表 4.30 仿生植物在团结河不同水生处挂膜后其生物膜氮含量的统计结果

项目	氨氮/(mg/g)	硝态氮/(μg/g)	亚硝态氮/(μg/g)
平均值	0.43	7.76	2.09
最小值	0.38	6.65	1.85
最大值	0.46	9.27	2.25
方差	0.04	1.35	0.21
变异系数/%	10.06	17.41	10.10

4.3.3 仿生植物在团结河附着生物膜对氮素的降解效能分析

4.3.3.1 四个季节的仿生植物附着生物膜对氨氮的降解效能研究

仿生植物在团结河挂膜后，分别对四个季节采集的生物膜样品进行氮素降解效能的室内试验研究，结果如图4.57所示。由图可知，各试验组 NH_4^+-N 浓度均随着培养时间的延长逐渐降低。试验结束时，各试验组氨氮分别由初始的 20.00mg/L 降至 9.67mg/L、9.10mg/L、13.46mg/L、13.68mg/L，NH_4^+-N 的去除率分别为 51.63%（春季）、54.49%（夏季）、32.68%（秋季）和 31.60%（冬季），其去除率分别为无仿生植物附着生物膜的对照系统的 1.75 倍、1.84 倍、1.11 倍、1.07 倍，表明较无仿生植物的对照系统而言，仿生植物附着生物膜的存在大大提高了培养系统对氨氮的降解能力。此外，四个季节的仿生植物附着生物膜对氨氮去除效率表现为：夏季＞春季＞秋季＞冬季，但氨氮去除率的单因素方差分析结果表明（表4.31），四个季节处理组间有显著的差异（$P<$ 0.05），表明仿生植物在团结河水域中附着生物膜对水体氨氮的处理效果受季节

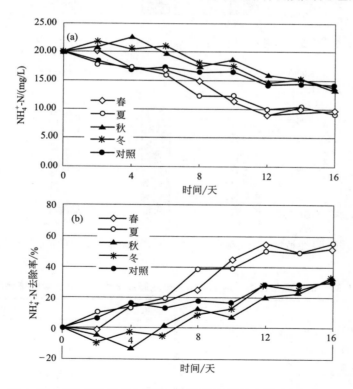

图 4.57 仿生植物附着生物膜对氨氮降解效能的影响（团结河）

表 4.31　仿生植物附着生物膜在不同季节对氨氮去除效果的方差分析（团结河）

差异源	SS	df	MS	F	P 值	F 临界值
组间	3638.48	3	1212.83	3.61	0.024	2.901
组内	10749.94	32	335.96			
总计	14388.42	35				

的影响较为显著。其中，在春季和夏季挂膜的仿生植物附着生物膜对氨氮的去除效果明显高于秋季和冬季，原因可能在于：①在秋季和冬季，团结河水体中 DO 含量分别为 1.12mg/L 和 1.65mg/L，均小于 2mg/L，不利于好养微生物的生长繁殖，大量菌体休眠或死亡，导致菌体在仿生植物上的附着量大大减少，因此在试验过程中氨氮降解速率缓慢，去除率较低；②河水中基质浓度偏高是增大氨氮降解难度的另一主要原因。

仿生植物对氨氮降解过程中，处理系统中硝酸盐氮的变化情况如图 4.58～图 4.60 所示。由图可知，四个季节的仿生植物处理系统中，硝态氮含量随培养时间的延长均呈现出先增高后趋于平缓的变化趋势。其中，春、夏、秋、冬四个季节的仿生植物附着生物膜系统中，NO_3^--N 含量在试验第 2 天，增加到 0.089mg/L、0.126mg/L、0.079mg/L、0.070mg/L，随后，NO_3^--N 含量分别逐渐降低至 0.059mg/L、0.081mg/L、0.035mg/L、0.031mg/L。对于 NO_2^--N 而言，整个培养期间，四个系统中的 NO_3^--N 含量呈现出升高-降低-升高-降低的波动变化趋势。$NO_3^--N + NO_2^--N$ 的含量的变化趋势与 NO_3^--N 相似，呈现出先增加随后趋于平稳的变化趋势，在试验结束时，其含量为 0.132mg/L、0.139mg/L、0.087mg/L、0.071mg/L，其最高值分别较对照系统高 1.19 倍、1.50 倍、1.24 倍以及 1.15 倍。其中，夏季附着生物膜处理系统中硝酸盐氮的积累速率最快。

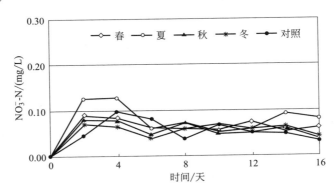

图 4.58　仿生植物附着生物膜系统中硝态氮的产生情况（团结河）

此外，将四个处理系统中氨氮的降解速率与硝酸盐氮（硝态氮、亚硝态氮以

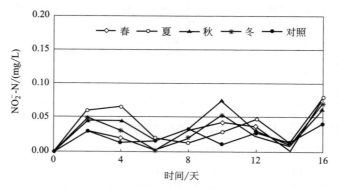

图 4.59　仿生植物附着生物膜系统中亚硝态氮的产生情况（团结河）

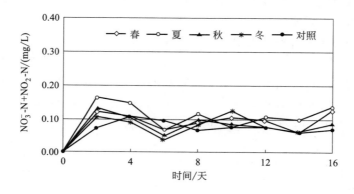

图 4.60　仿生植物附着生物膜系统中硝态氮＋亚硝态氮的产生情况（团结河）

及硝态氮＋亚硝态氮）的积累速率进行对比分析后发现，二者之间均无显著的相关关系（$P>0.05$）(表 4.32)，表明硝酸盐氮的积累量与氨氮的去除率间不具有明显的此消彼长的转化关系，且 NO_3^--N 的积累速率小于 NH_4^+-N 的转化速率，这一结果表明，处理系统内具有较为复杂的氮循环过程。

表 4.32　仿生植物附着生物膜氨氮降解速率与硝酸盐氮积累速率间的相关系数 r（团结河）

差异源	春	夏	秋	冬	对照
硝态氮	−0.134	−0.069	0.225	−0.119	−0.207
亚硝态氮	−0.448	−0.579	−0.087	−0.045	−0.505
硝态氮＋亚硝态氮	−0.336	−0.290	0.094	−0.095	−0.421

　　进一步对仿生植物附着生物膜的硝化作用强度进行了分析，结果如图 4.61 和表 4.33 所示。由图可知，仿生植物附着生物膜硝化强度具有明显的季节差异，其中，四个季节的硝化作用强度值分别介于 2.81～22.15mg/(kg·d)、2.57～31.45mg/(kg·d)、2.33～19.77mg/(kg·d)、3.09～17.39mg/(kg·d)，分别高于对照 1.24 倍、1.67 倍、1.13 倍和 1.00 倍，四个季节的值表现为：夏＞

春＞秋＞冬。

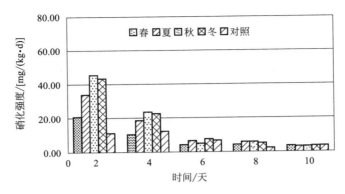

图 4.61　仿生植物附着生物膜的硝化作用强度（团结河）

表 4.33　仿生植物附着生物膜的硝化作用强度统计结果（团结河）

项目	春	夏	秋	冬	对照
平均值/[mg/(kg·d)]	8.83	11.89	8.03	7.12	7.12
最小值/[mg/(kg·d)]	2.81	2.57	2.33	3.09	2.27
最大值/[mg/(kg·d)]	22.15	31.45	19.77	17.39	12.16
方差	8.00	12.13	7.14	6.09	4.43
变异系数/%	90.53	102.01	89.01	85.50	62.18

　　硝化作用强度的大小直接影响到处理系统对氨氮的降解效能，因此，进一步对氨氮去除率以及硝化作用强度的大小作相关性分析（表 4.34、图 4.62），结果发现：春季的仿生植物附着生物膜硝化作用强度与氨氮之间具有显著的正相关关系，表明春季附着生物膜对氨氮的降解受系统内硝化作用的影响较为明显，而夏、秋、冬三个季节以及对照系统中的硝化作用强度与氨氮的去除之间无显著的相关关系，表明以上几个系统内氨氮的转化过程较为复杂。

表 4.34　仿生植物附着生物膜氨氮降解速率与硝化作用强度的相关系数 r（团结河）

项目	春	夏	秋	冬	对照
r	0.842[①]	0.802	0.574	0.673	0.576

①表示在 $P<0.05$ 上的显著相关性。

4.3.3.2　不同水深下仿生植物附着生物膜对氨氮的降解效能研究

　　仿生植物在团结河挂膜后，分别对三种不同水深处采集的生物膜样品进行氮素降解效能的室内试验研究，结果如图 4.63、图 4.64 所示。由图可知，各试验组 NH_4^+-N 浓度均随着培养时间的延长逐渐降低。试验结束时，各试验组氨氮分

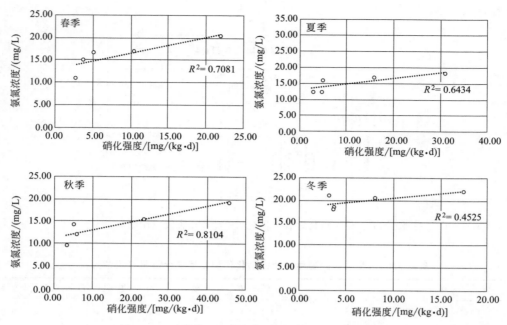

图 4.62 硝化作用强度与氨氮浓度的关系（团结河）

别由初始的 20.00mg/L 降至 15.29mg/L、12.23mg/L、13.71mg/L，NH_4^+-N 的去除率分别为 23.55%（0～20cm）、38.83%（40～60cm）和 31.46%（80～100cm），其去除率分别为无仿生植物附着生物膜的对照系统的 4.23 倍、6.98 倍以及 5.66 倍，而且三种不同水深处理组氨氮去除效率与对照组间存在显著的差异（$P<0.05$）(表 4.35)，表明较无仿生植物的对照系统而言，三种不同水深处的仿生植物附着生物膜的存在大大提高了培养系统对氨氮的降解能力。此外，三种不同水深处的仿生植物附着生物膜对氨氮去除效率的平均值表现为：80～100cm＞40～60cm＞0～20cm，但氨氮去除率的单因素方差分析结果表明（表

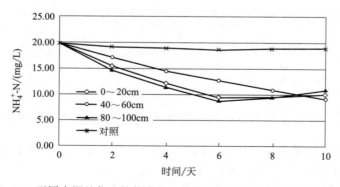

图 4.63 不同水深处仿生植物附着生物膜系统氨氮浓度变化（团结河）

4.36)，三种水深的处理组间无显著差异，表明三个不同水深处的仿生植物附着生物膜对水体氨氮均具有较好的处理效率。

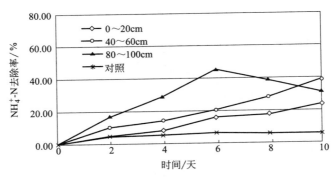

图 4.64　不同水深处仿生植物附着生物膜对氨氮降解效能的影响（团结河）

表 4.35　仿生植物附着生物膜在不同水深处氨氮去除效果与对照系统的方差分析（团结河）

差异源	SS	df	MS	F	P 值	F 临界值
组间	1643.422	3	547.807	4.061	0.021	3.098
组内	2697.599	20	134.880			
总计	4341.021	23				

表 4.36　仿生植物附着生物膜在不同水深处对氨氮去除效果的方差分析（团结河）

差异源	SS	df	MS	F	P 值	F 临界值
组间	707.048	2	353.524	1.986	0.172	3.682
组内	2670.681	15	178.045			
总计	3377.730	17				

　　团结河处的仿生植物附着生物膜对氨氮的去除效果与深度之间的相关关系与古运河河口以及解放桥的不同，从去除速率和去除效率两方面考虑，在相对较短的时间内（以 6 天计），挂膜深度的优劣性表现为 80～100cm＞40～60cm＞0～20cm，与古运河河口和解放桥相比不同的是，40～60cm 较 0～20cm 处的仿生植物附着生物膜对氨氮的降解效果更好，并且 0～20cm 在第 6 天时浓度并未回升，继续保持下降趋势，分析原因可能在于膜上微生物以及和硝化作用效能与不同水深处河水水质有关。由以上分析可知，去除速率最快且去除效率较高的挂膜深度为水下 80～100cm 处，去除效率为 45.5％，时间为 6 天。

　　仿生植物对氨氮降解过程中，三种不同水深处的处理系统中硝酸盐氮的变化情况如图 4.65～图 4.67 所示。由图可知，三种不同水深处的仿生植物处理系统中，硝酸盐氮含量随培养时间的延长同样呈现出波动变化的趋势。其中，在试验第 6、4 和 6 天，三种不同水深处理组的 NO_3^--N 含量分别积累到最高值，含量

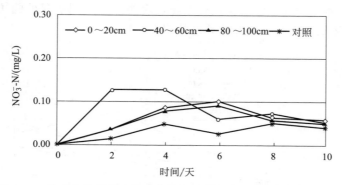

图 4.65　仿生植物附着生物膜系统中硝态氮的产生情况（团结河）

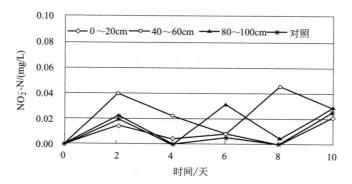

图 4.66　仿生植物附着生物膜系统中亚硝态氮的产生情况（团结河）

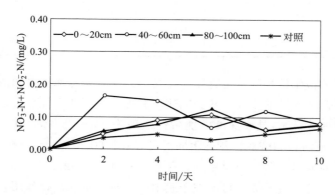

图 4.67　仿生植物附着生物膜系统中硝态氮＋亚硝态氮的产生情况（团结河）

分别为 0.100mg/L、0.127mg/L 和 0.092mg/L。相应的，NO_2^--N 含量则分别累积到 0.021mg/L、0.046mg/L 以及 0.032mg/L，但出现极值的时间与 NO_3^--N 有所差异。此外，$NO_3^--N＋NO_2^--N$ 的含量在试验的第 6、2 天以及第 6 天内快速增加至最高浓度，含量为 0.109mg/L、0.166mg/L、0.124mg/L，分别较对照系统高 1.64 倍、2.51 倍以及 1.87 倍。其中，40～60cm 水深条件下仿生植

物附着生物膜处理系统中，硝酸盐氮的积累量最高。

此外，将三种不同水深处理系统中氨氮的降解速率与硝酸盐氮（硝态氮、亚硝态氮以及硝态氮＋亚硝态氮）的积累速率进行对比分析后发现，0～20cm水深处理组其附着生物膜对氨氮的降解速率与硝态氮、亚硝态氮及其硝态氮＋亚硝态氮含量之间具有显著的负相关关系（$P<0.05$）（表 4.37），80～100cm试验组附着生物膜对氨氮的降解速率与硝态氮及其硝态氮＋亚硝态氮含量之间具有显著的负相关关系（$P<0.01$），表明以上试验组中硝酸盐氮的积累量与氨氮的去除率间具有明显的此消彼长的转化关系，系统内硝酸盐氮是氨氮硝化作用的直接产物。而 40～60cm试验组内氨氮降解与硝态氮的积累值之间无显著的相关关系（$P>0.05$）（表 4.37），反映出该试验组内氮循环过程更为复杂。

表 4.37　仿生植物附着生物膜氨氮浓度与硝酸盐氮积累速率间的相关系数 r（团结河）

差异源	0～20cm	40～60cm	80～100cm
硝态氮	-0.790[1]	-0.089	-0.978[2]
亚硝态氮	-0.817[1]	0.049	-0.630
硝态氮＋亚硝态氮	-0.921[2]	-0.044	-0.981[2]

[1]表示在 $P<0.05$ 上的显著相关性。

进一步对仿生植物附着生物膜的硝化作用强度进行了分析，结果如图 4.68 和表 4.38 所示。由图可知，三种不同水深处的仿生植物附着生物膜硝化强度具有明显的差异，其中，0～20cm试验组的硝化作用强度值分别介于 2.81～10.78mg/(kg·d)、2.57～31.45mg/(kg·d)、2.45～9.89mg/(kg·d)；三种水深处硝化作用强度值表现为：40～60cm＞0～20cm＞80～100cm。

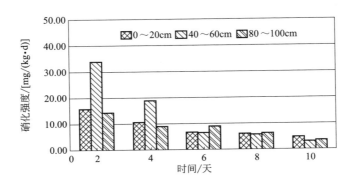

图 4.68　仿生植物附着生物膜的硝化作用强度（团结河）

表 4.38 不同水深处仿生植物附着生物膜的硝化作用强度的统计结果

项目	0～20cm	40～60cm	80～100cm
平均值/[mg/(kg·d)]	6.87	11.89	6.50
最小值/[mg/(kg·d)]	2.81	2.57	2.45
最大值/[mg/(kg·d)]	10.78	31.45	9.89
方差	3.37	12.13	3.36
变异系数/%	49.07	102.01	51.62

此外，对氨氮去除率以及硝化作用强度的大小作相关性分析（表 4.39、图 4.69），结果发现：0～20cm 以及 40～60cm 两种水深处仿生植物附着生物膜硝化作用强度与氨氮之间具有显著的正相关关系，表明以上两个系统内氨氮的降解主要受系统内硝化作用的影响。

表 4.39 仿生植物附着生物膜氨氮浓度与硝化作用强度的相关系数 r（团结河）

项目	0～20cm	40～60cm	80～100cm
r	0.824①	0.812①	0.362

①表示在 $P < 0.05$ 上的显著相关性。

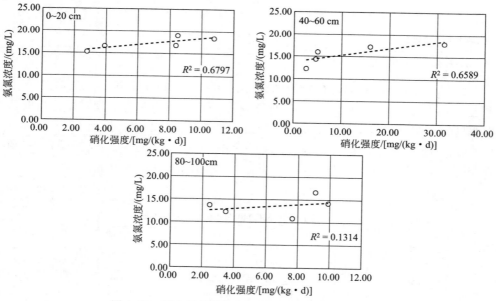

图 4.69 硝化作用强度与氨氮浓度的关系（团结河）

4.3.4 本节小结

本节主要将仿生植物布设到团结河进行野外挂膜，并对附着生物膜进行了后续的室内试验研究，力求对该点位的仿生植物附着生物膜对氨氮的降解效能进行系统分析，获得的主要结论如下。

① 在仿生植物挂膜的 1 年内，团结河水体的 pH、DO、水温、氨氮、硝态氮以及亚硝态氮具有一定的变化，其中，硝态氮浓度变化的幅度最大，变异系数达 245.94%，而 pH 的变化受季节的影响较小。水体 NH_4^+-N 浓度全年平均值为 5.11mg/L，DO 介于 0.42～5.99mg/L，平均值仅为 2.13mg/L，全年中有半年以上时间 DO 含量低于 2mg/L，表明该河总体呈现为缺氧状态。

② 仿生植物附着生物膜 NH_4^+-N、NO_2^--N、NO_3^--N 含量具有明显的季节变化。氨氮、硝态氮、亚硝态氮的最高值出现在冬季、秋季以及夏季。仿生植生物膜氨氮含量与水体氨氮浓度之间存在显著的负相关关系（$P<0.05$），与亚硝态氮间存在显著的正相关关系（$P<0.05$）。而生物膜硝态氮含量则与水体硝态氮以及亚硝态氮间均存在显著的负相关关系。

③ 四个季节的仿生植物附着生物膜对氨氮去除效率表现为：夏季＞春季＞秋季＞冬季，但各处理组间无显著差异，表明仿生植物附着生物膜在四个季节对水体氨氮均具有较好的处理效率。春季仿生植物附着生物膜硝化作用强度与氨氮之间具有显著的正相关关系，而其余季节以及对照系统中的硝化作用强度与氨氮的去除之间无显著性相关关系，表明仿生植物处理系统对氨氮的转化过程较为复杂。同样的，对于不同水深处的仿生植物附着生物膜而言，其对氨氮去除效率的平均值表现为：40～60cm＞80～100cm＞0～20cm，但三种水深的处理组间仍然无显著差异，同样表明三种不同水深处的仿生植物附着生物膜对水体氨氮均具有较好的处理效率。此外，0～20cm 以及 40～60cm 两种水深处仿生植物附着生物膜硝化作用强度与氨氮之间具有显著的正相关关系，表明 0～20cm 以及 40～60cm 两种水深处的仿生植物处理系统内氨氮的降解主要受系统内硝化作用的影响。

以上结论证明：仿生植物在团结河挂膜后，对水体氨氮具有较高的降解效能。

4.4 仿生植物在玉带河水体中附着生物膜对氮素的降解效能分析

4.4.1 玉带河水环境质量分析

4.4.1.1 挂膜阶段玉带河水体温度的变化分析

挂膜阶段玉带河水体温度随时间的变化情况如图 4.70 及表 4.40 所示，其中温度最高值均出现在夏季 8 月份，而最低温度则出现在冬季 1、2 月份，变异系数为 36.21%，处于中等变异。

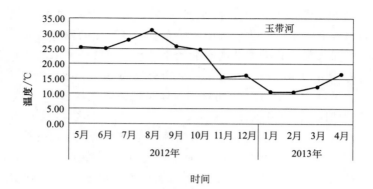

图 4.70　挂膜阶段玉带河水体温度随时间的变化情况

表 4.40　挂膜阶段玉带河水体理化参数的统计结果

项目	温度/℃	pH	亚硝态氮/(mg/L)	硝态氮/(mg/L)	氨氮/(mg/L)	溶解氧/(mg/L)
平均值	20.17	7.31	0.10	4.56	6.14	5.47
最小值	10.50	7.04	0.00	0.04	0.64	0.66
最大值	31.30	8.16	0.21	15.32	16.87	9.68
方差	7.30	0.30	0.06	4.82	5.39	3.02
变异系数/%	36.21	4.09	62.69	105.71	87.73	55.17

4.4.1.2　挂膜阶段玉带河水体 pH 的变化分析

挂膜阶段玉带河水体 pH 随时间的变化情况如图 4.71 和表 4.40 所示,其中,pH 介于 7.04～8.16 之间,最高值出现在 2012 年 11 月份,而最低值则出现在 2012 年 6 月份,pH 值的变异系数仅为 4.09%,表明玉带河水体 pH 值的变化幅度极小。

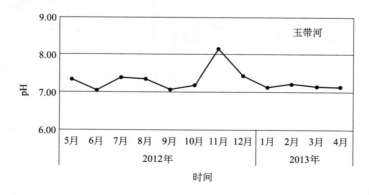

图 4.71　挂膜阶段玉带河水体 pH 随时间的变化情况

4.4.1.3 挂膜阶段玉带河水体 DO 的变化分析

挂膜阶段玉带河水体 DO 随时间的变化情况如图 4.72 和表 4.40 所示，整个挂膜阶段，该点位的水体 DO 介于 $0.66 \sim 9.68 mg/L$，平均值仅为 $5.47 mg/L$，其中，2012 年 5 月以及 12 月，该河流 DO 含量低于 $2 mg/L$，其余时间均大于 $2 mg/L$，表明该河总体呈现为好氧状态。

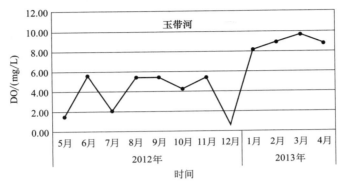

图 4.72　挂膜阶段玉带河水体 DO 随时间的变化情况

4.4.1.4 挂膜阶段各采样点水体氮素含量变化

挂膜阶段玉带河水体 $NO_2^- \text{-} N$、$NO_3^- \text{-} N$ 以及 $NH_4^+ \text{-} N$ 含量变化情况如图 4.73 以及表 4.40 所示。由图可知，$NO_3^- \text{-} N$ 以及 $NH_4^+ \text{-} N$ 随时间呈现出剧烈的波动变化状态，其中，水体 $NO_2^- \text{-} N$、$NO_3^- \text{-} N$ 以及 $NH_4^+ \text{-} N$ 含量分别介于 $0.00 \sim 0.21 mg/L$、$0.04 \sim 15.32 mg/L$ 以及 $0.64 \sim 16.87 mg/L$ 之间，其中，$NH_4^+ \text{-} N$ 浓度在 2012 年 12 月出现了极大值，而 $NO_2^- \text{-} N$ 以及 $NO_3^- \text{-} N$ 的浓度分别在 2012 年 9 月以及 2012 年 6 月出现最高值。总体而言，玉带河水体氮素表现为：$NH_4^+ \text{-} N > NO_3^- \text{-} N > NO_2^- \text{-} N$。

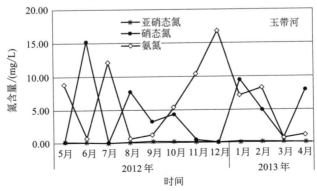

图 4.73　挂膜阶段玉带河水体氮含量随时间的变化情况

4.4.2 玉带河水体中仿生植物附着生物膜氮素含量分析

4.4.2.1 仿生植物附着生物膜氮素含量随挂膜季节的变化规律

对玉带河挂膜后的仿生植物附着生物膜 NH_4^+-N、NO_2^--N、NO_3^--N 含量进行测定，结果如图 4.74～图 4.76 以及表 4.41 所示。由图表可知，仿生植物附着生物膜氮含量具有明显的季节变化。其中，氨氮、硝态氮、亚硝态氮的最高值均出现在冬季，其含量分别达 0.72mg/g、9.11μg/g 以及 0.96μg/g，氨氮、硝态氮最低值均出现在秋季，含量分别为冬季的 0.09 倍以及 0.35 倍。生物膜 NO_2^--N 在秋季低于检测线，值为 0。此外，生物膜 NH_4^+-N、NO_3^--N、NO_2^--N 含量的变异系数分别为 108.49%、43.25% 以及 144.15%，其中 NH_4^+-N 以及 NO_2^--N 含量表现为高变异程度，表明仿生植物在玉带河样点挂膜过程中，其附着生物膜 NH_4^+-N 以及 NO_2^--N 含量变化剧烈。其中，玉带河是流经江苏大学校内的污染河道，是古运河支流之一，受上游污染源废水的肆意排放，污染较重，该河冬季河水散发恶臭，底泥可见且发黑，水流较缓水深较浅，微生物在冬季较难存活，河水中本身的氨氮含量高达 8.3mg/L，因此仿生植物上附着的氨氮含量也相对最高。

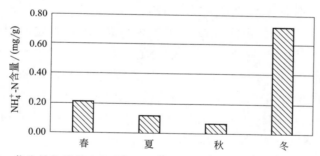

图 4.74 仿生植物附着生物膜中 NH_4^+-N 含量随季节变化的情况（玉带河）

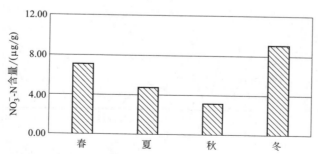

图 4.75 仿生植物附着生物膜中 NO_3^--N 含量随季节变化的情况（玉带河）

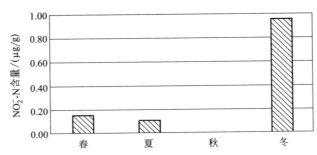

图 4.76　仿生植物附着生物膜中 $NO_2^- $ -N 含量随季节变化的情况（玉带河）

表 4.41　仿生植物在玉带河不同季节挂膜后其生物膜氮含量的统计结果

项目	氨氮/(mg/g)	硝态氮/(μg/g)	亚硝态氮/(μg/g)
平均值	0.28	6.02	0.31
最小值	0.06	3.17	0.00
最大值	0.72	9.11	0.96
方差	0.30	2.60	0.44
变异系数/%	108.49	43.25	144.15

仿生植物附着生物膜氮含量的变化与挂膜点的水质参数间密切的关系见表 4.42。由表 4.42 所示，仿生植物生物膜氨氮含量与水体硝态氮浓度之间存在显著的正相关关系（$P<0.05$）。生物膜硝态氮含量则与水体亚硝态氮间均存在显著的正相关关系（$P<0.01$），生物膜亚硝态氮与水体硝态氮含量间存在显著的正相关关系（$P<0.05$），表明水体氮素的含量对仿生植物附着生物膜氮素含量有很大的影响。此外，水体 pH 值与生物膜氨氮、硝态氮以及亚硝态氮之间均存在显著的负相关关系（$P<0.05$），意味着 pH 值显著影响了附着生物膜氮的含量。

表 4.42　仿生植物附着生物膜氮素含量与玉带河水质参数的相关系数

项目	生物膜氨氮	生物膜硝态氮	生物膜亚硝态氮
生物膜氨氮	1.000	0.895②	0.997②
生物膜硝态氮	0.895②	1.000	0.867②
生物膜亚硝态氮	0.997②	0.867②	1.000
水体亚硝态氮	0.477	0.818②	0.423
水体硝态氮	0.658①	0.489	0.709①
水体氨氮	0.059	0.024	0.007
水体 DO	0.602	0.205	0.658①
水体温度	−0.635①	−0.337	−0.630
水体 pH	−0.668①	−0.848②	−0.662①

①和②表示在 $P<0.05$ 和 $P<0.01$ 上的显著相关性。

4.4.2.2　仿生植物附着生物膜氮素含量随挂膜水深的变化规律

仿生植物附着生物膜氮素含量随水深变化情况如图 4.77、图 4.78 以及表 4.43 所示。由图 4.77 和表 4.43 可知，不同水深处仿生植物附着生物膜氨氮含量介于 0.06~0.11mg/g 之间，且最高值出现在水面下 0~20cm 处，最低值则出现在水面下 40~60cm 处。硝态氮含量介于 3.17~4.51μg/g 之间，其中最高值出现在水面下 0~20cm 处，而最低值同样出现在水面下 40~60cm 处。此外，该挂膜点位的仿生植物附着生物膜的亚硝态氮含量低于检测线，故未列出。可见，仿生植物附着生物膜在不同水深处的动态变化与不同水深处水体微环境的差异有明显的关系。由于玉带河是流经江苏大学校内的一条人工修筑河道，受上游污染源废水的肆意排放，污染较重，因此在秋季进行过人工的底泥清淤工作，当下河道水质呈现良好状态，并且此时河道水量明显减少，仿生植物辅助单元未能垂直悬挂，因此，此时间段挂膜的仿生植物上附着的 NH_4^+-N 含量均较低，并且呈现先降低后升高的变化趋势。此外，玉带河样点挂膜后，仿生植物附着生物膜的 NO_2^--N 含量随深度的增加逐渐降低，甚至趋于负值，可见，玉带河的河水水质以及河床底泥中含有的大量有毒有害物质已严重抑制了硝化细菌的代谢活性，硝化作用进行缓慢，随着水深的增加河水水质污染越严重。

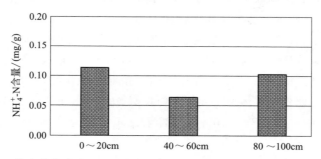

图 4.77　仿生植物附着生物膜中 NH_4^+-N 含量随水深变化的情况（玉带河）

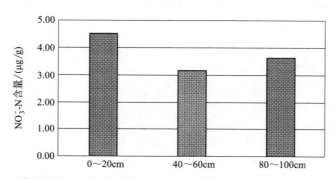

图 4.78　仿生植物附着生物膜中 NO_3^--N 含量随水深变化的情况（玉带河）

表 4.43　仿生植物在玉带河不同水生处挂膜后其生物膜氮含量的统计结果

项目	氨氮/(mg/g)	硝态氮/(μg/g)
平均值	0.09	3.78
最小值	0.06	3.17
最大值	0.11	4.51
方差	0.03	0.68
变异系数/%	27.99	18.09

4.4.3　仿生植物在玉带河附着生物膜对氮素的降解效能分析

4.4.3.1　四个季节的仿生植物附着生物膜对氨氮的降解效能研究

仿生植物在玉带河挂膜后，分别对四个季节采集的生物膜样品进行氮素降解效能的室内试验研究，结果如图 4.79 所示。由图可知，各试验组 NH_4^+-N 浓度均随着培养时间的延长逐渐降低。试验结束时，各试验组氨氮分别由初始的 20.00mg/L 降至 11.12mg/L、12.32mg/L、11.47mg/L、12.78mg/L，NH_4^+-N 的去除率分别为 44.41%（春季）、38.41%（夏季）、42.64%（秋季）和

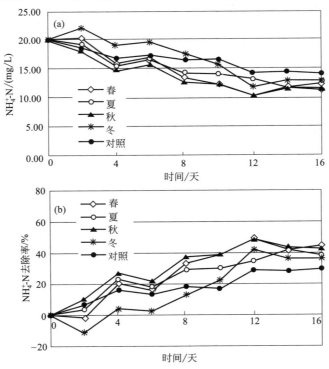

图 4.79　仿生植物附着生物膜对氨氮降解效能的影响（玉带河）

36.09%（冬季），其去除率分别为无仿生植物附着生物膜的对照系统的1.50倍、1.30倍、1.44倍、1.22倍，表明较无仿生植物的对照系统而言，仿生植物附着生物膜的存在大大提高了培养系统对氨氮的降解能力。此外，四个季节的仿生植物附着生物膜对氨氮去除效率表现为：春季＞秋季＞夏季＞冬季，但氨氮去除率的单因素方差分析结果表明（表4.44），四个季节处理组间无显著的差异（$P > 0.05$），表明仿生植物在玉带河水域中附着生物膜对水体氨氮的处理效果不受季节的影响。

表 4.44　仿生植物附着生物膜在不同季节对氨氮去除效果的方差分析（玉带河）

差异源	SS	df	MS	F	P 值	F 临界值
组间	975.98	3	325.33	1.08	0.37	2.90
组内	9616.71	32	300.52			
总计	10592.69	35				

此外，与古运河河口和解放桥的数据进行对比分析，发现该点位附着的生物膜对氨氮去除率相对较小，这与玉带河的河水水质影响关系密切。对该点位的水质监测可知，全年氨氮含量在0.64～16.87mg/L，属城市重污染河流。在冬季仿生植物挂膜阶段，微生物膜自身吸附大量的NH_4^+-N全部稀释在试验体水体内，使得试验水体氨氮含量骤然升高，较高的氨氮浓度抑制了微生物的活性，直接造成试验系统内氨氮浓度一直较高，直至第8天才有所下降。另外，由于玉带河水深较浅，夏季受雨水冲刷及河流流速较快两个方面的影响，生物膜上附着的微生物量大大减少，使得夏季挂膜对氨氮的降解能力相对减弱。

仿生植物对氨氮降解过程中，处理系统中硝酸盐氮的变化情况如图4.80～图4.82所示。由图可知，四个季节的仿生植物处理系统中，硝态氮含量随培养时间的延长而均呈现出先增高后趋于平缓的变化趋势。其中，春、夏、秋、冬四个季节的仿生植物附着生物膜系统中，NO_3^--N含量在试验的第2、12、8、2天，增加到0.105mg/L、0.077mg/L、0.093mg/L、0.113mg/L，随后，NO_3^--N含量分别逐渐降低至0.064mg/L、0.028mg/L、0.061mg/L、0.043mg/L。对于NO_2^--N而言，整个培养期间，四个系统NO_3^--N含量呈现出升高-降低-升高-降低的波动变化趋势。NO_3^--N＋NO_2^--N的含量的变化趋势与NO_3^--N相似，呈现出先增加随后趋于平稳的变化趋势，在试验结束时，其含量为0.128mg/L、0.086mg/L、0.137mg/L、0.098mg/L，且其最高含量分别较对照系统高1.42倍、1.14倍、1.24倍以及1.63倍。其中，冬季仿生植物附着生物膜处理系统中，硝酸盐氮的积累速率最快。但整个培养过程中，NO_3^--N浓度只在0～0.11mg/L的范围内波动，积累量较小，原因可能在于：①高氨氮的河水抑制硝化细菌的生长繁殖，生物膜上附着的微生物含量较少，从而对氨氮的降解能力大大降低；②仿生植物上附着的其他微生物通过其他脱氮途径将水体中的氨氮及硝

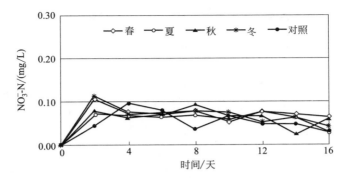

图 4.80　仿生植物附着生物膜系统中硝态氮的产生情况（玉带河）

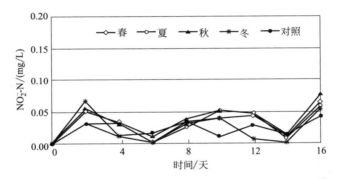

图 4.81　仿生植物附着生物膜系统中亚硝态氮的产生情况（玉带河）

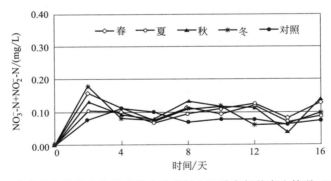

图 4.82　仿生植物附着生物膜系统中硝态氮＋亚硝态氮的产生情况（玉带河）

酸盐氮降解。结合氨氮去除率与硝酸盐氮浓度变化两个方面考虑，玉带河河段在春、夏、秋、冬四个季节仿生植物附着生物膜硝化作用效能最佳的季节为秋季。水温过高或过低都会对微生物的酶活性起到一定的抑制作用，微生物酶活性降低直接影响其生长速率和代谢速率，阻碍硝化过程顺利进行（陈洪斌等，2001；徐斌等，2002）。由此可见，季节对微生物的生存环境和酶活性具有重要影响，而微生物膜生态群落结构是影响水体氮素净化效果的关键因素。因此，从玉带河的研究结果来看，季节也是仿生植物附着微生物技术应用于重污染河道水处理的考虑因子之一。

此外，将四个处理系统中氨氮的降解速率与硝酸盐氮（硝态氮、亚硝态氮以及硝态氮＋亚硝态氮）的积累速率进行对比分析后发现，二者之间均无显著的相关关系（$P > 0.05$）（表4.45），表明硝酸盐氮的积累量与氨氮的去除率间不具有明显的此消彼长的转化关系，且 $NO_3^- \text{-}N$ 的积累速率小于 $NH_4^+ \text{-}N$ 的转化速率，这一结果表明，处理系统内具有较为复杂的氮循环过程。

表 4.45　仿生植物附着生物膜氨氮降解速率与硝酸盐氮积累速率间的相关系数 r （玉带河）

差异源	春	夏	秋	冬	对照
硝态氮	−0.172	−0.340	−0.350	0.263	−0.207
亚硝态氮	−0.359	−0.465	−0.460	0.130	−0.505
硝态氮＋亚硝态氮	−0.291	−0.513	−0.446	0.233	−0.421

进一步对仿生植物附着生物膜的硝化作用强度进行了分析，结果如图4.83和表4.46所示。由图可知，仿生植物附着生物膜硝化强度具有明显的季节差异，其中，四个季节的硝化作用强度值分别介于 2.69～26.30mg/(kg·d)、2.85～17.79mg/(kg·d)、3.28～19.37mg/(kg·d)、3.80～28.28mg/(kg·d)，平均值分别高于对照1.39倍、1.09倍、1.18倍和1.45倍，四个季节的值表现为：冬＞春＞秋＞夏。

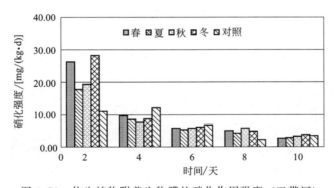

图 4.83　仿生植物附着生物膜的硝化作用强度（玉带河）

表 4.46　仿生植物附着生物膜的硝化作用强度统计结果 （玉带河）

项目	春	夏	秋	冬	对照
平均值/[mg/(kg·d)]	9.88	7.76	8.40	10.36	7.12
最小值/[mg/(kg·d)]	2.69	2.85	3.28	3.80	2.27
最大值/[mg/(kg·d)]	26.30	17.79	19.37	28.28	12.16
方差	9.52	5.99	6.34	10.19	4.43
变异系数/%	96.33	77.22	75.56	98.44	62.18

硝化作用强度的大小直接影响到处理系统对氨氮的降解效能，因此，对氨氮去除率以及硝化作用强度的大小作相关性分析（表4.47、图4.84），结果发现：四个季节的仿生植物附着生物膜硝化作用强度与氨氮之间均具有显著的正相关关系（$P<0.05$），表明玉带河点位的仿生植物附着生物膜对氨氮的降解受系统内硝化作用的影响较为明显。

表 4.47　仿生植物附着生物膜氨氮降解速率与硝化作用强度的相关系数 r（玉带河）

项目	春	夏	秋	冬	对照
r	0.890[①]	0.912[①]	0.863[①]	0.855[①]	0.576

[①]表示在 $P<0.05$ 上的显著相关性。

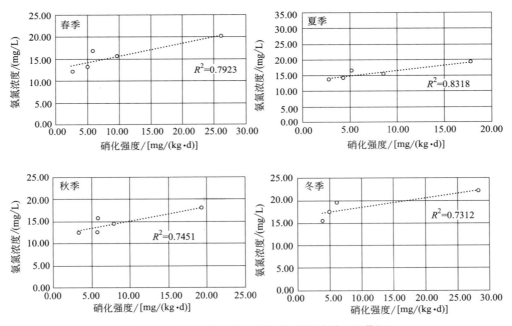

图 4.84　硝化作用强度与氨氮浓度的关系（玉带河）

4.4.3.2　不同水深下仿生植物附着生物膜对氨氮的降解效能研究

仿生植物在玉带河挂膜后，分别对三个不同水深处采集的生物膜样品进行氮素降解效能的室内试验研究，结果如图4.85、图4.86所示。由图可知，各试验组 NH_4^+-N 浓度均随着培养时间的延长逐渐降低。试验结束时，各试验组氨氮分别由初始的 20.00mg/L 降至 14.17mg/L、12.10mg/L、12.92mg/L，NH_4^+-N 的去除率分别为 29.14%（0~20cm）、39.50%（40~60cm）和 35.41%（80~100cm），其去除率分别为无仿生植物附着生物膜的对照系统的 5.24 倍、7.10 倍以及 6.37 倍，而且三种不同水深处理组氨氮去除效率与对照组间存在显著的差异（$P<0.05$）（表 4.48），表明较无仿生植物的对照系统而言，三种不同水深处的仿生植物附着生物膜的存在大大提高了培养系统对氨氮的降解能力。此外，三种不同水深处的仿生植物附着生物膜对氨氮去除效率的平均值表现为：40～60cm＞80～100cm＞0～20cm，但氨氮去除率的单因素方差分析结果表明（表 4.49），三种水深的处理组间无显著差异（$P>0.05$），表明三个不同水深处的仿生植物附着生物膜对水体氨氮均具有较好的处理效率。

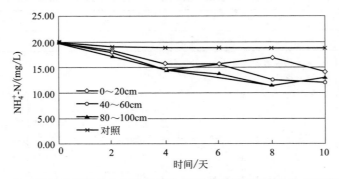

图 4.85 不同水深处仿生植物附着生物膜系统氨氮浓度变化（玉带河）

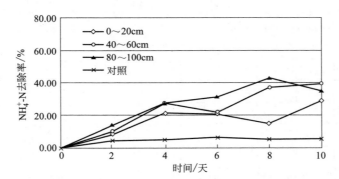

图 4.86 不同水深处仿生植物附着生物膜对氨氮降解效能的影响（玉带河）

表 4.48 仿生植物附着生物膜在不同水深处氨氮去除效果与对照系统的方差分析（玉带河）

差异源	SS	df	MS	F	P 值	F 临界值
组间	1521.905	3	507.302	3.416	0.037	3.098
组内	2969.743	20	148.487			
总计	4491.648	23				

表 4.49 仿生植物附着生物膜在不同水深处对氨氮去除效果的方差分析（玉带河）

差异源	SS	df	MS	F	P 值	F 临界值
组间	276.475	2	138.238	0.705	0.510	3.682
组内	2942.826	15	196.188			
总计	3219.301	17				

仿生植物对氨氮降解过程中,三种不同水深处的处理系统中硝酸盐氮的变化情况如图4.87~图4.89所示。由图可知,三种不同水深处的仿生植物处理系统中,硝酸盐氮含量随培养时间的延长同样呈现出波动变化的趋势。其中,在试验第6、8和6天,三种不同水深处理组的$NO_3^- $-N含量分别积累到最高值,含量分别为0.098mg/L、0.093mg/L和0.072mg/L。而NO_2^--N含量则分别在试验第10天时累积到最大值,分别为0.068mg/L、0.055mg/L以及0.032mg/L。此外,NO_3^--N+NO_2^--N的含量在试验的第10、8天以及第6天内快速增加至最高浓度,含量为0.152mg/L、0.133mg/L、0.102mg/L,分别较对照系统高

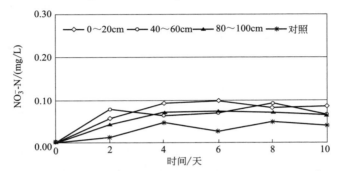

图4.87 仿生植物附着生物膜系统中硝态氮的产生情况(玉带河)

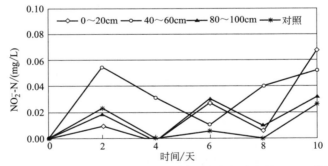

图4.88 仿生植物附着生物膜系统中亚硝态氮的产生情况(玉带河)

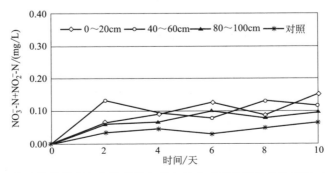

图4.89 仿生植物附着生物膜系统中硝态氮+亚硝态氮的产生情况(玉带河)

2.31 倍、2.00 倍以及 1.55 倍。其中，0～20cm 水深条件下仿生植物附着生物膜处理系统中，硝酸盐氮的积累量最高。

此外，将三种不同水深处理系统中氨氮的降解速率与硝酸盐氮（硝态氮、亚硝态氮以及硝态氮＋亚硝态氮）的积累速率进行对比分析后发现，0～20cm 以及 80～100cm 水深处理组其附着生物膜对氨氮的降解速率与硝态氮及其硝态氮＋亚硝态氮含量之间具有显著的负相关关系（$P < 0.05$）(表 4.50)，表明以上试验组中硝酸盐氮的积累量与氨氮的去除率间具有明显的此消彼长的转化关系，系统内硝酸盐氮是氨氮硝化作用的直接产物。而 40～60cm 试验组内氨氮降解与硝态氮的积累值之间无显著的相关关系（$P > 0.05$）(表 4.50)，反映出该试验组内氮循环过程更为复杂。

表 4.50　仿生植物附着生物膜氨氮浓度与硝酸盐氮积累速率间的相关系数 r（玉带河）

差异源	0～20cm	40～60cm	80～100cm
硝态氮	−0.871[①]	−0.698	−0.913[②]
亚硝态氮	−0.684	−0.528	−0.408
硝态氮＋亚硝态氮	−0.955[②]	−0.678	−0.864[①]

①和②表示在 $P < 0.05$ 和 $P < 0.01$ 上的显著相关性。

进一步对仿生植物附着生物膜的硝化作用强度进行了分析，结果如图 4.90 和表 4.51 所示。由图可知，三种不同水深处的仿生植物附着生物膜硝化强度具有明显的差异，其中，0～20cm 试验组的硝化作用强度值分别介于 4.23～14.03mg/(kg·d)、3.28～19.37mg/(kg·d)、3.20～10.66mg/(kg·d)，三种水深处硝化作用强度值表现为：0～20cm＞40～60cm＞80～100cm。

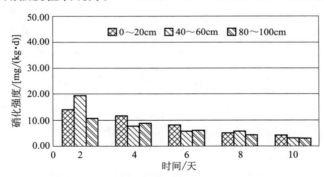

图 4.90　仿生植物附着生物膜的硝化作用强度（玉带河）

表 4.51　不同水深处仿生植物附着生物膜的硝化作用强度的统计结果

项目	0～20cm	40～60cm	80～100cm
平均值/[mg/(kg·d)]	8.63	8.40	6.60
最小值/[mg/(kg·d)]	4.23	3.28	3.20
最大值/[mg/(kg·d)]	14.03	19.37	10.66
方差	4.17	6.34	3.09
变异系数/%	48.31	75.56	46.88

此外，对氨氮去除率以及硝化作用强度的大小作相关性分析（表4.52，图4.91），结果发现：40～60cm以及80～100cm两种水深处仿生植物附着生物膜硝化作用强度与氨氮之间具有显著的正相关关系，表明以上两个系统内氨氮的降解主要受系统内硝化作用的影响。

表4.52 仿生植物附着生物膜氨氮浓度与硝化作用强度的相关系数 r（玉带河）

项目	0～20cm	40～60cm	80～100cm
r	0.632	0.863[①]	0.898[①]

①表示在$P<0.05$上的显著相关性。

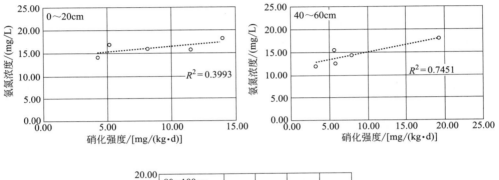

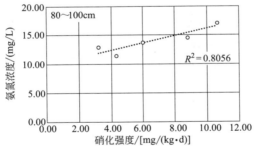

图4.91 硝化作用强度与氨氮浓度的关系（玉带河）

4.4.4 本节小结

本节主要将仿生植物布设到玉带河进行野外挂膜，并对附着生物膜进行了后续的室内试验研究，力求对该点位的仿生植物附着生物膜对氨氮的降解效能进行系统分析，获得的主要结论如下。

① 在仿生植物挂膜的1年内，玉带河水体的pH、DO、水温、氨氮、硝态氮以及亚硝态氮具有一定的变化，其中，硝态氮浓度变化的幅度最大，变异系数达105.71%，而pH的变化受季节的影响较小。水体NH_4^+-N浓度全年平均值为6.14mg/L，DO介于0.66～9.68mg/L，平均值为5.47mg/L，水体总体呈现为

好氧状态。

② 仿生植物附着生物膜 NH_4^+-N、NO_2^--N、NO_3^--N 含量具有明显的季节变化。氨氮、硝态氮、亚硝态氮的最高值均出现在冬季。仿生植物生物膜氨氮以及硝态氮含量与水体硝态氮浓度之间存在显著的正相关关系（$P<0.05$）。

③ 四个季节的仿生植物附着生物膜对氨氮去除效率表现为：春季＞秋季＞夏季＞冬季，但各处理组间无显著差异，表明仿生植物附着生物膜在四个季节对水体氨氮均具有较好的处理效率。四个季节的仿生植物附着生物膜硝化作用强度与氨氮之间均具有显著的正相关关系，表明玉带河点位的仿生植物附着生物膜对氨氮的降解受系统内硝化作用的影响较为明显。同样的，对于不同水深处的仿生植物附着生物膜而言，其对氨氮去除效率的平均值表现为：$40\sim60cm$＞$80\sim100cm$＞$0\sim20cm$，但三种水深的处理组间仍然无显著差异，同样表明三种不同水深处的仿生植物附着生物膜对水体氨氮均具有较好的处理效率。此外，$40\sim60cm$ 以及 $80\sim100cm$ 两种水深处仿生植物附着生物膜硝化作用强度与氨氮之间具有显著的正相关关系，表明以上两个系统内氨氮的降解主要受系统内硝化作用的影响。

以上结论证明：仿生植物在玉带河挂膜后，对水体氨氮具有较高的降解效能。

4.5 古运河不同样点仿生植物附着生物膜对氮素的降解效能的对比分析

（1）季节对仿生植物附着生物膜对氨氮降解效能影响的对比分析 古运河四个挂膜点位仿生植物附着微生物对氮素去除率等数据的整合，结果如图4.92以及表4.53所示。由图和表可知，在春季，古运河河口、解放桥、团结河、玉带河四个地点的最高去除率分别为 59.54%、54.49%、55.18% 和 49.31%，去除效率表现为：古运河河口＞团结河＞解放桥＞玉带河；在夏季，四个挂膜样点的生物膜对氨氮的最高去除率分别为 57.63%、67.58%、54.49% 和 41.68%，表现为：解放桥＞古运河河口＞团结河＞玉带河；秋季，其去除率分别为 55.04%、61.31%、32.69% 和 48.77%，表现为：解放桥＞古运河河口＞玉带河＞团结河；冬季，四个地点的最高去除率分别为 55.18%、49.59%、31.60% 和 41.55%，表现为：古运河河口＞解放桥＞玉带河＞团结河。总体来看，古运河河口和解放桥样点挂膜的仿生植物，其附着生物膜对氨氮的去除效率要高于团结河以及玉带河，这主要受四个样点的水质污染背景的强烈影响。

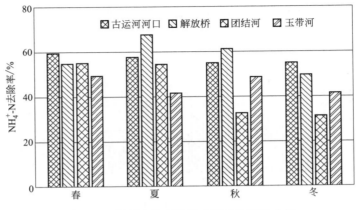

图 4.92　氨氮去除率受季节影响的对比分析

表 4.53　仿生植物在古运河不同样点挂膜后其生物膜对氨氮的降解效能统计结果

项目	春	夏	秋	冬
平均值/%	54.63	55.35	49.45	44.48
最小值/%	49.31	41.68	32.69	31.60
最大值/%	59.54	67.58	61.31	55.18
方差	4.19	10.68	12.29	10.25
变异系数/%	7.67	19.30	24.86	23.04

此外，仿生植物附着生物膜的硝化作用强度的对比结果如图 4.93 和表 4.54 所示，在水质及季节的共同作用下，春季，古运河河口、解放桥、团结河、玉带河四个地点的仿生植物附着生物膜硝化作用强度最高值分别为 38.78mg/(kg·d)、20.36mg/(kg·d)、22.15mg/(kg·d) 和 26.30mg/(kg·d)，表现为：古运河河口＞玉带河＞团结河＞解放桥；在夏季，四个挂膜样点的生物膜硝化作用强度最高值分别为 61.55mg/(kg·d)、33.83mg/(kg·d)、31.45mg/(kg·d) 和 17.79mg/(kg·d)，表现为：古运河河口＞解放桥＞团结河＞玉带河；秋季，生物膜硝化作用强度最高值分别为 33.23mg/(kg·d)、45.51mg/(kg·d)、19.77mg/(kg·d) 和 19.37mg/(kg·d)，表现为：解放桥＞古运河河口＞团结河＞玉带河；冬季，生物膜硝化作用强度最高值分别为 38.38mg/(kg·d)、43.73mg/(kg·d)、17.39mg/(kg·d) 和 28.28mg/(kg·d)，表现为：解放桥＞古运河河口＞玉带河＞团结河。此外，试验过程中，NO_3^--N 的积累量受季节的影响较小，并且 NO_3^--N 的积累速率与 NH_4^+-N 的转化速率并不具有对等关系，表明生物膜系统内存在较为复杂的氮循环过程。

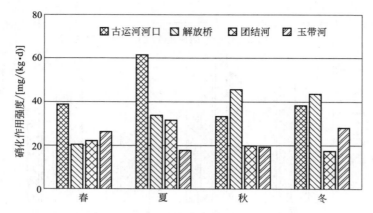

图 4.93　仿生植物附着生物膜的硝化作用强度对比分析

表 4.54　仿生植物在古运河不同样点挂膜后其生物膜硝化作用强度统计结果

项目	春	夏	秋	冬
平均值/[mg/(kg·d)]	26.90	36.15	29.47	31.95
最小值/[mg/(kg·d)]	20.36	17.79	19.37	17.39
最大值/[mg/(kg·d)]	38.78	61.55	45.51	43.73
方差	8.30	18.34	12.48	11.62
变异系数/%	30.86	50.74	42.36	36.39

（2）水深对仿生植物附着生物膜对氨氮降解效能影响的对比分析　氨氮去除率受挂膜深度影响的对比分析如图 4.94 所示，由图可知，古运河河口、解放桥、团结河、玉带河四个地点在 0～20cm 水深处的生物膜对氨氮的最高去除率分别为 49.45%、53.00%、23.55% 以及 29.14%；在 40～60cm 水深处，其对氨氮的最高去除率分别为 45.36%、54.36%、38.82% 以及 39.50%；80～100cm 水

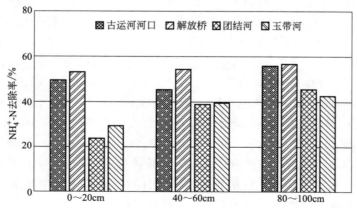

图 4.94　氨氮去除率受水深影响的对比分析

深处，其值分别为 55.86%、56.54%、45.50% 和 42.64%。但方差分析表明，三组水深处理组对氨氮的最高去除率之间无显著差异（表 4.55、表 4.56）。

表 4.55　仿生植物在古运河不同水深处挂膜后其生物膜对氨氮的降解效能统计结果

项目	0～20cm	40～60cm	80～100cm
平均值/%	38.79	44.51	50.13
最小值/%	23.55	38.82	42.64
最大值/%	53.00	54.36	56.54
方差	14.61	7.19	7.11
变异系数/%	37.68	16.16	14.17

表 4.56　仿生植物附着生物膜在不同水深处对氨氮最高去除效果的方差分析（四个样点）

差异源	SS	df	MS	F	P 值	F 临界值
组间	257.515	2	128.757	1.223	0.339	4.256
组内	947.304	9	105.256			
总计	1204.819	11				

硝化作用强度受水深影响的对比分析如图 4.95 和表 4.57 所示。由图表可知，古运河河口、解放桥、团结河、玉带河四个地点在 0～20cm 水深处的生物膜硝化作用强度值分别为 22.74mg/(kg·d)、15.61mg/(kg·d)、10.78mg/(kg·d) 以及 14.03mg/(kg·d)；在 40～60cm 水深处，其生物膜硝化作用强度值分别为 33.23mg/(kg·d)、33.83mg/(kg·d)、31.45mg/(kg·d) 以及 19.37mg/(kg·d)；80～100cm 水深处，其值分别为 22.54mg/(kg·d)、14.03mg/(kg·d)、9.89mg/(kg·d) 和 10.66mg/(kg·d)。此外，40～60cm 水深处的仿生植物附着生物膜硝化强度平均值最高，其次为 0～20cm 以及 80～100cm 处。方差分析表明，三组水深处理组对氨氮的最高去除率之间差异显著（$P<0.05$）（表 4.58），

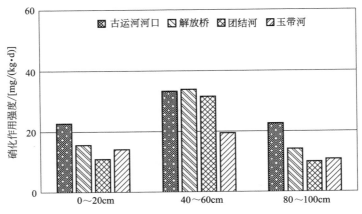

图 4.95　硝化作用强度受水深影响的对比分析

可见，水深对于仿生植物附着生物膜硝化作用的影响显著，因此在后续章节进一步研究环境因子对生物膜净化效能的影响。

表 4.57　仿生植物在古运河不同水深处挂膜后其生物膜硝化作用强度统计结果

项目	0~20cm	40~60cm	80~100cm
平均值/%	15.79	29.47	14.28
最小值/%	10.78	19.37	9.89
最大值/%	22.74	33.83	22.54
方差	5.05	6.81	5.79
变异系数/%	32.00	23.10	40.58

表 4.58　仿生植物不同水深处挂膜后其生物膜硝化作用强度统计结果方差分析（四个样点）

差异源	SS	df	MS	F	P 值	F 临界值
组间	560.431	2	280.216	7.973	0.010	4.256
组内	316.326	9	35.147			
总计	876.758	11				

第5章

环境因子对仿生植物附着生物膜对氨氮降解效能的影响

本章内容研究了三种环境因子（溶解氧、pH以及氨氮初始浓度）影响仿生植物附着生物膜对氨氮的降解效能，力求获得仿生植物附着生物膜对氨氮降解的最适条件。

5.1 溶解氧含量对仿生植物附着生物膜对氨氮降解效能的影响

溶解氧（DO）是水生生境的重要指标，密切关系水生微生物及动植物群落的组成，进而影响水生生物对污染物，尤其是氮素的降解转化能力（刘书宇等，2007；储金宇等，2014）。研究表明，溶解氧是硝化过程的主要影响因子（储金宇等，2014；Lahav等，2001；Jensen等，1993），当DO≤1.50mg/L时，仅发生反硝化反应（Tallec等，2008），当DO≥2.0mg/L时，仅发生硝化反应（虞开森等，1990）。

5.1.1 溶解氧对仿生植物附着生物膜对氨氮去除效果的影响

图5.1和表5.1为DO对古运河河口附着的仿生植物生物膜对氨氮降解效能的影响。由图可知，整个试验过程中，曝气组的氨氮去除率介于21.37%~55.86%，最高值出现在试验第6天，随后氨氮浓度有所升高。此外，较曝气组而言，非曝气试验组氨氮浓度无显著下降，至试验结束时，氨氮浓度去除率仅为5.4%。对曝气组和非曝气组的氨氮浓度作方差分析后，发现二者间存在显著的差异（$P < 0.01$）（表5.1），可见，充氧显著提高了试验系统中仿生植物附着生物膜对氨氮的降解能力。

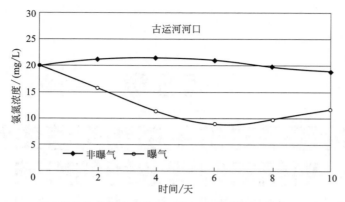

图 5.1　DO 对仿生植物附着生物膜对氨氮降解效能的影响（古运河河口）

表 5.1　曝气与非曝气组仿生植物附着生物膜对氨氮降解效能的影响的方差分析（古运河河口）

差异源	SS	df	MS	F	P 值	F 临界值
组间	203.293	1	203.293	49.748	0.0001	5.318
组内	32.692	8	4.086			
总计	235.985	9				

　　对于解放桥样点而言，其附着的仿生植物生物膜对氨氮降解效能亦受到 DO 的明显影响。由图 5.2 可知，整个试验过程中，曝气组的氨氮去除率介于 26.96%～56.54%，最高去除率出现在试验第 6 天，随后氨氮浓度有所升高。此外，较曝气组而言，非曝气试验组氨氮浓度呈波动变化趋势，无显著下降，至试验结束时，氨氮浓度去除率为 15.38%。对曝气组和非曝气组的氨氮浓度作方差分析后，发现二者间存在显著的差异（$P<0.01$）(表 5.2)，可见，充氧显著提高了解放桥样点的仿生植物附着生物膜对氨氮的降解能力。

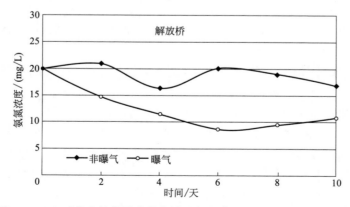

图 5.2　DO 对仿生植物附着生物膜对氨氮降解效能的影响（解放桥）

表 5.2　曝气与非曝气组仿生植物附着生物膜对氨氮降解效能的影响的方差分析（解放桥）

差异源	SS	df	MS	F	P 值	F 临界值
组间	146.691	1	146.691	31.821	0.0004	5.318
组内	36.879	8	4.610			
总计	183.670	9				

对于团结河样点而言，整个试验过程中曝气组的氨氮去除率介于 16.60%～45.50%，最高去除率出现在试验第 6 天，随后氨氮浓度有所升高。较曝气组而言，非曝气试验组氨氮浓度呈波动变化趋势，且逐渐上升，至试验结束时，氨氮浓度上升了 13.93%（图 5.3）。对曝气组和非曝气组的氨氮浓度作方差分析后，发现二者间存在显著的差异（$P<0.01$）(表 5.3)。

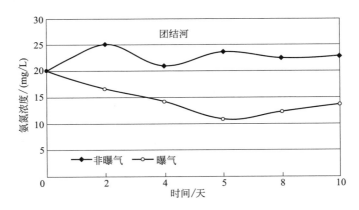

图 5.3　DO 对仿生植物附着生物膜对氨氮降解效能的影响（团结河）

表 5.3　曝气与非曝气组仿生植物附着生物膜对氨氮降解效能的影响的方差分析（团结河）

差异源	SS	df	MS	F	P 值	F 临界值
组间	221.377	1	221.377	63.0152	0.0000	5.318
组内	28.105	8	3.513			
总计	249.482	9				

此外，对于玉带河样点的仿生植物，整个试验过程中曝气组的氨氮去除率介于 13.88%～42.64%，最高去除率出现在试验第 8 天，随后氨氮浓度有所升高。较曝气组而言，非曝气试验组氨氮浓度呈平稳的变化趋势，至试验结束时，氨氮浓度仅下降了 5.97%（图 5.4）。对曝气组和非曝气组的氨氮浓度作方差分析后，发现二者间存在显著的差异（$P<0.01$）(表 5.4)。

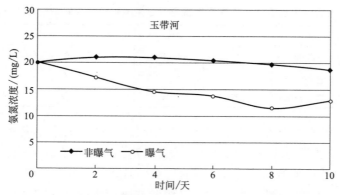

图 5.4　DO 对仿生植物附着生物膜对氨氮降解效能的影响（玉带河）

表 5.4　曝气与非曝气组仿生植物附着生物膜对氨氮降解效能影响的方差分析（玉带河）

差异源	SS	df	MS	F	P 值	F 临界值
组间	96.574	1	96.574	35.075	0.000	5.318
组内	22.023	8	2.753			
总计	118.601	9				

由以上数据可知，充氧能显著提高仿生植物附着生物膜对氨氮的降解能力。

5.1.2　溶解氧对仿生植物附着生物膜处理系统中硝态氮的积累动态影响

处理系统中硝态氮是生物膜硝化作用的结果，因此其浓度的积累过程可进一步反映生物膜对系统的氨氮的转化效能。图 5.5～图 5.8 为 DO 对仿生植物附着生物膜 NO_3^--N 浓度的影响。由四个图可知，曝气组的硝酸盐氮浓度随时间的推移出现先上升后下降的变化趋势。其中，古运河河流的硝态氮浓度变化与曝气组氨氮浓度出现显著的负相应关系（表 5.5）（$P<0.05$），表明二者具有此起彼伏的变化趋势，而其余三个样点没有发现显著的相关关系。大量研究表明，除了氨挥发以及水生植物的吸收外，水体氨氮的降解主要依靠生物的硝化作用来实现，一般来说，氨氮的降解途径主要为 $NH_4^+ \rightarrow NO_2^- \rightarrow NO_3^-$（Tanner 等，1995；Wu 等，2009），由于中间产物 NO_2^- 不稳定，因此硝化反应阶段的主要产物为 NO_3^-。非曝气组在整个试验过程中基本处于缺氧状态，硝化过程不明显，因此，总体来看，四个系统中，非曝气组硝酸盐氮含量均明显低于曝气组，以上结果与刘波和许宽等的研究相似。尽管非曝气组无明显的硝化作用，但整个试验过程中仍可发现一定程度的 NO_3^- 累积，主要原因可能在于仿生植物在野外挂膜期间自身吸附一定量的硝酸盐氮；此外，仿生植物附着的兼性厌氧菌等微生物对硝酸盐氮的产生也有一定的贡献。

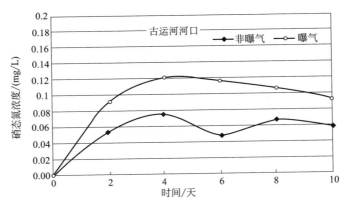

图 5.5　系统中硝态氮的积累速率（古运河河口）

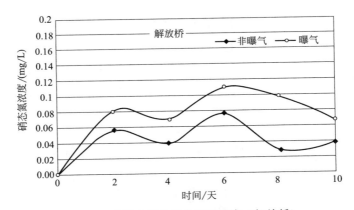

图 5.6　系统中硝态氮的积累速率（解放桥）

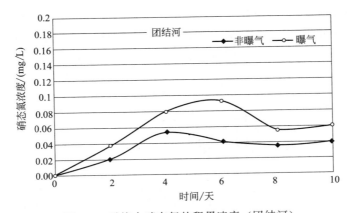

图 5.7　系统中硝态氮的积累速率（团结河）

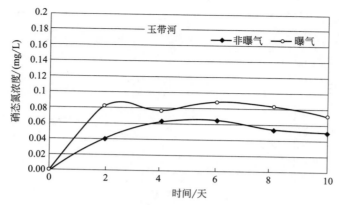

图 5.8　系统中硝态氮的积累速率（玉带河）

表 5.5　仿生植物附着生物膜氨氮降解速率与硝态氮的积累速率相关系数 r

r	古运河河口	解放桥	团结河	玉带河
曝气组	−0.907[①]	−0.577	−0.743	0.036
非曝气组	0.191	0.616	−0.896[①]	0.197

①表示在 $P<0.05$ 上的显著相关性。

5.1.3　溶解氧对仿生植物附着生物膜的硝化作用强度的影响

进一步对仿生植物附着生物膜硝化作用强度进行分析，发现古运河河口点位，其生物膜试验初期硝化作用强度为 22.5mg/(kg·d)，随后逐渐下降，至试验结束时，硝化作用强度仅为 4.7mg/(kg·d)，较初始值减少了 79.30%（图 5.9）。对于解放桥而言（图 5.10），其仿生植物附着生物膜的硝化作用强度在试验初期为 19.97mg/(kg·d)，随后逐渐下降，直至试验结束时，硝化作用强度仅为 3.3mg/(kg·d)，较初始减少了 83.37%。团结河和玉带河样点的仿生植物

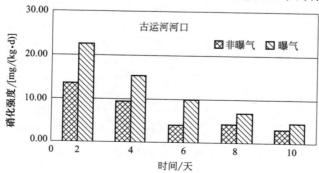

图 5.9　DO 对仿生植物附着生物膜硝化作用强度的影响（古运河河口）

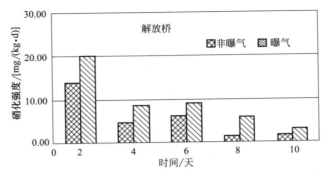

图 5.10 DO 对仿生植物附着生物膜硝化作用强度的影响（解放桥）

附着生物膜硝化作用强度同样表现为随试验时间的延长，硝化作用强度逐渐减弱的趋势（图 5.11、图 5.12）。主要原因可能在于曝气组氨氮浓度的变化与系统内氮循环微生物的活性等有直接关系，随着试验时间的延长，仿生植物附着氮循环功能微生物的活性逐渐减弱，导致其硝化作用能力下降。

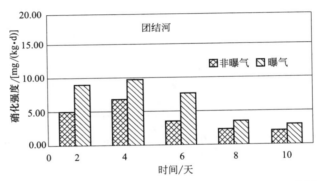

图 5.11 DO 对仿生植物附着生物膜硝化作用强度的影响（团结河）

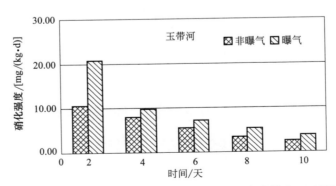

图 5.12 DO 对仿生植物附着生物膜硝化作用强度的影响（玉带河）

进一步对氨氮浓度和硝化作用强度作相关性分析（表5.6），发现除了玉带河样点以外，其余样点的氨氮降解速率与硝化作用强度之间的相关性并不明显，表明系统内氨氮的转化过程可能较为复杂。

表 5.6 仿生植物附着生物膜氨氮降解速率与硝化作用强度的相关系数 r （团结河）

r	古运河河口	解放桥	团结河	玉带河
曝气组	0.758	0.778	0.382	0.930[①]
非曝气组	0.723	0.675	−0.175	0.903[①]

①表示在 $P<0.05$ 和 $P<0.01$ 上的显著相关性。

此外，对曝气组和非曝气组的硝化作用强度进行对比分析后（表5.7），发现四个样点附着的仿生植物生物膜处理系统在曝气条件下均具有较高的硝化作用强度，表明曝气显著提高了生物膜的硝化作用强度。

表 5.7 DO 对仿生植物附着生物膜的硝化作用强度影响统计结果

项目	古运河河口		解放桥		团结河		玉带河	
	曝气组	非曝气组	曝气组	非曝气组	曝气组	非曝气组	曝气组	非曝气组
平均值/[mg/(kg·d)]	11.81	6.81	9.48	5.77	6.61	3.88	9.39	6.00
最小值/[mg/(kg·d)]	4.67	2.92	3.32	1.77	2.96	1.93	3.60	2.53
最大值/[mg/(kg·d)]	22.54	13.43	19.97	14.03	9.89	6.72	20.76	10.66
方差	6.92	4.51	6.12	5.21	2.86	1.97	6.86	3.16
变异系数/%	58.57	66.28	64.59	90.34	43.29	50.63	73.12	52.63

目前，自然水体中溶解氧一方面来自大气中的氧气溶于水中的气-液相传质、扩散等曝气过程，此外，水生植物可将光合作用产生的氧气通过气道输送至根区，成为改善水体 DO 含量的另一重要途径（Fennessy 等，1994；Riemer 等，1998；吴晓磊，1994；成水平等，1988，2002）。然而，在重污染的城市内河中，水生高等植物的大量缺失使得通过植物根系释氧这一途径中断，虽然仿生植物可模仿水生植物附着微生物载体功能，但仿生植物自身不具备释氧能力，因此，仿生植物在应用于低氧的污染水体时，建议结合人工曝气，从而强化水体溶解氧含量，最终实现对水质的强化净化。

5.2 pH 对仿生植物附着生物膜对氨氮降解效能的影响

pH 作为水环境的另一重要指标，主要通过影响水体微生物种类、数量，进而影响微生物驱动的硝化、反硝化等过程（周小平等，2005；徐乐中，1996），并最终直接或间接影响氮循环过程。前期研究表明，硝化细菌生长最佳 pH 值为 7.0～8.6，当 pH<5 时硝化作用将停止；而反硝化过程的最佳 pH 一般为 7.0，小于或大于 7.0 时反硝化速率都会随之降低（吴建强等，2005；卢少勇等，2006；Vymazal 等，1993）。此外，除了影响硝化细菌的生长和代谢，水体 pH 值亦会影响硝化基质和产物的有效性和毒性（王玉萍等，2012；陈旭良等，2005；刘培芳等，2002）。

5.2.1 pH 对仿生植物附着生物膜对氨氮去除效果的影响

图 5.13 为不同 pH 值对古运河河口附着的仿生植物生物膜对氨氮降解效能的影响。由图可知，不同 pH 值对仿生植物附着生物膜的氨氮去除效能具有显著的影响，总体表现为：$pH_{7\sim8}>pH_{9\sim10}>pH_{4\sim5}$，表明水体 pH 值介于 7～8 时，仿生植物附着生物膜对氨氮具有好的去除效果。其中，$pH_{7\sim8}$、$pH_{9\sim10}$ 试验组氨氮浓度随试验时间出现先降低后上升的变化趋势，至试验第 6 天时，$pH_{7\sim8}$、$pH_{9\sim10}$ 组氨氮的浓度分别由 20mg/L 降至 8.83mg/L 和 15.34mg/L，氨氮去除率为 55.85％和 23.28％，随后氨氮浓度有所升高，试验结束时，两试验组氨氮浓度上升至 11.64mg/L 和 18.32mg/L，其原因主要在于：为了模拟野外净化过程中仿生植物持续接受高污染水体的现状，试验过程中每两天一次向系统中添加了一定量的氨氮溶液，加之两试验组 pH 在一定程度上抑制了仿生植物附着微生物的活性，可能导致硝化作用能力减弱，由此导致试验后期两试验组氨氮浓度的增高。与 $pH_{7\sim8}$、$pH_{9\sim10}$ 组明显不同的是，$pH_{4\sim5}$ 试验组氨氮浓度持续升高，至试验结束时氨氮浓度达 71.00mg/L，其主要原因在于强酸性条件下仿生植物附着微生物的生长和代谢受到严重抑制，硝化速率显著下降，导致该试验组通过硝化作用降解的氨氮微乎其微，氨氮浓度上升的主要原因为系统中持续添加新的氨氮溶液。对三组 pH 组氨氮浓度作方差分析后，发现存在显著的差异（P<

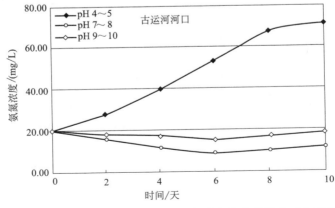

图 5.13　pH 对仿生植物附着生物膜对氨氮降解效能的影响（古运河河口）

0.01)（表5.8），可见，不同pH值显著影响了试验系统中仿生植物附着生物膜对氨氮的降解能力。

表5.8　不同pH条件下仿生植物附着生物膜对氨氮降解效能的影响的方差分析（古运河河口）

差异源	SS	df	MS	F	P 值	F 临界值
组间	3951.002	2	1975.501	12.990	0.0005	3.682
组内	2281.188	15	152.079			
总计	6232.191	17				

对于解放桥样点而言，pH值对仿生植物附着生物膜的氨氮降解效能有显著影响。由图5.14可知，总体表现为：$pH_{9\sim10}$＞$pH_{7\sim8}$＞$pH_{4\sim5}$。但是，尽管$pH_{9\sim10}$试验组在整个试验过程中具有较高的氨氮去除率，但是并不意味着pH介于10~11时是微生物生长繁殖代谢的最佳范围，原因是高pH条件下，OH^-与NH_4^+结合易生成NH_3脱离系统，导致氨氮浓度迅速降低（王宗平等，1999，2001；沈耀良等，1999）。然而pH值介于7~8的弱碱性条件对于氨挥发不构成适宜环境，所以pH值介于7~8时，仿生植物附着生物膜对氨氮具有最好的去除效果。$pH_{7\sim8}$试验组氨氮浓度随试验时间出现先降低后上升的变化趋势，至试验第6天，该组氨氮的浓度由20mg/L降至8.69mg/L，氨氮去除率为56.5%，随后氨氮浓度有所升高，试验结束时，$pH_{7\sim8}$试验组氨氮浓度上升至10.74mg/L。此外，与$pH_{7\sim8}$以及$pH_{9\sim10}$组明显不同的是，$pH_{4\sim5}$试验组氨氮浓度持续升高，至试验结束时氨氮浓度达72.97mg/L，其氨氮浓度上升的主要原因为系统中持续添加新的氨氮溶液。对三组pH组氨氮浓度作方差分析后，发现存在显著的差异（$P<0.01$）（表5.9），可见，不同pH显著影响了试验系统中仿生植物附着生物膜对氨氮的降解能力。

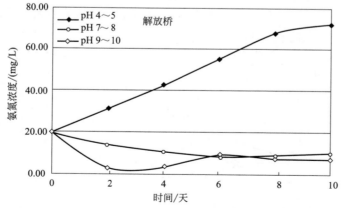

图5.14　pH对仿生植物附着生物膜对氨氮降解效能的影响（解放桥）

表 5.9　不同 pH 条件下仿生植物附着生物膜对氨氮降解效能的影响的方差分析（解放桥）

差异源	SS	df	MS	F	P 值	F 临界值
组间	5799.628	2	2899.814	17.740	0.0001	3.682
组内	2451.908	15	163.461			
总计	8251.536	17				

与解放桥的氨氮浓度变化趋势相似，团结河样点不同 pH 试验组的氨氮去除率同样表现为：$pH_{9\sim10} > pH_{7\sim8} > pH_{4\sim5}$（图 5.15），其中，$pH_{7\sim8}$ 试验组氨氮浓度随试验时间出现先降低后上升的变化趋势，至试验第 6 天时，$pH_{7\sim8}$ 组氨氮的浓度由 20mg/L 降至 10.9mg/L，氨氮去除率为 45.5%，随后氨氮浓度有所升高，试验结束时，该试验组氨氮浓度上升至 13.7mg/L，而 $pH_{4\sim5}$ 试验组氨氮浓度仍然表现为持续升高，至试验结束时氨氮浓度达 70.9mg/L。对三组 pH 组氨氮浓度作方差分析后，发现存在显著的差异（$P < 0.01$）（表 5.10），可见，不同 pH 值显著影响了试验系统中仿生植物附着生物膜对氨氮的降解能力。

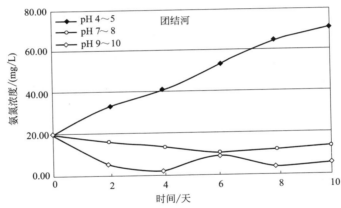

图 5.15　pH 对仿生植物附着生物膜对氨氮降解效能的影响（团结河）

表 5.10　不同 pH 条件下仿生植物附着生物膜对氨氮降解效能的影响的方差分析（团结河）

差异源	SS	df	MS	F	P 值	F 临界值
组间	5293.534	2	2646.767	18.461	0.000	3.682
组内	2150.561	15	143.371			
总计	7444.095	17				

对于玉带河样点的仿生植物附着生物膜对氨氮的降解效能，表现为 $pH_{7\sim8} > pH_{9\sim10} > pH_{4\sim5}$（图 5.16），表明水体 pH 值介于 7～8 时，该样点的仿生植物附着生物膜对氨氮具有最好的去除效果。其中，$pH_{7\sim8}$ 以及 $pH_{9\sim10}$ 试验组氨氮浓度随试验时间出现先降低后上升的变化趋势，至试验第 8 天时，$pH_{7\sim8}$ 以及 $pH_{9\sim10}$ 组氨氮的浓度分别由 20mg/L 降至 11.5mg/L 和 14.4mg/L，氨氮去除

率为 42.5％和 28％，随后氨氮浓度有所升高，试验结束时，两试验组氨氮浓度上升至 12.9mg/L 和 15.5mg/L。同样的，$pH_{4\sim5}$ 试验组氨氮浓度持续升高，至试验结束时氨氮浓度达 71.03mg/L。对三组 pH 值实验组氨氮浓度作方差分析后，发现存在显著的差异（$P<0.01$）（表 5.11），可见，不同 pH 值显著影响了试验系统中仿生植物附着生物膜对氨氮的降解能力。

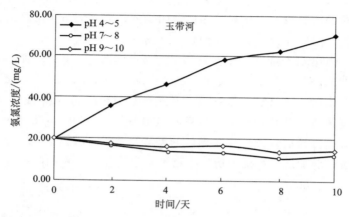

图 5.16　pH 对仿生植物附着生物膜对氨氮降解效能的影响（玉带河）

表 5.11　不同 pH 条件下仿生植物附着生物膜对氨氮降解效能的影响的方差分析（玉带河）

差异源	SS	df	MS	F	P 值	F 临界值
组间	4474.657	2	2237.328	18.157	0.000	3.682
组内	1848.352	15	123.223			
总计	6323.009	17				

5.2.2　pH 对仿生植物附着生物膜处理系统中硝态氮的积累动态影响

　　图 5.17～图 5.20 为不同 pH 值对仿生植物附着生物膜 NO_3^--N 浓度的影响。由图可知，三组不同 pH 值条件下，除了解放桥样点在 $pH_{9\sim10}$ 试验组中，NO_3^--N 浓度呈现较为剧烈的升高-下降-升高变化动态，其余各处理系统中硝态氮均出现不同程度的升高，并逐渐趋于下降的变化趋势。

　　对各处理系统中氨氮浓度与硝态氮浓度作相关性分析（表 5.12），结果发现，$pH_{4\sim5}$ 试验条件下，解放桥样点的系统中二者存在显著正相关关系，其余各样点均无显著相关性，表明 $pH_{4\sim5}$ 试验条件下，氨氮与硝态氮之间并无此起彼伏的消长变化趋势；而 $pH_{7\sim8}$ 试验条件下，四个样点的处理系统中均有显著的负相关关系（$P<0.05$）；在 $pH_{9\sim10}$ 试验条件下，除了玉带河以外，其余点位的氨氮与硝态氮亦存在显著负相关关系，表明以上各处理组中的氨氮与硝态氮之

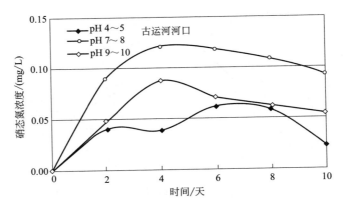

图 5.17　系统中硝态氮的积累速率（古运河河口）

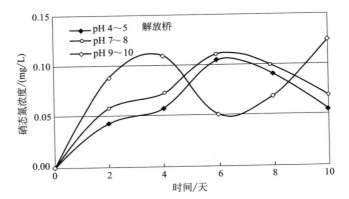

图 5.18　系统中硝态氮的积累速率（解放桥）

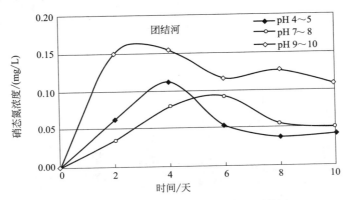

图 5.19　系统中硝态氮的积累速率（团结河）

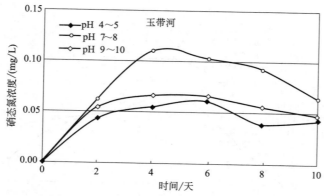

图 5.20　系统中硝态氮的积累速率（玉带河）

间均具有此起彼伏的变化趋势，这反映了系统中硝态氮是仿生植物附着生物膜对氨氮的硝化作用产物。

表 5.12　仿生植物附着生物膜氨氮降解速率与硝态氮的积累速率相关系数 r

r	古运河河口	解放桥	团结河	玉带河
$pH_{4\sim5}$	0.465	0.731①	0.113	0.648
$pH_{7\sim8}$	−0.908②	−0.969②	−0.894②	−0.783①
$pH_{9\sim10}$	−0.768①	−0.853②	−0.942②	−0.696

①和②表示在 $P < 0.05$ 和 $P < 0.01$ 上的显著相关性。

5.2.3　pH 对仿生植物附着生物膜的硝化作用强度的影响

进一步对仿生植物附着生物膜硝化作用强度进行分析，发现四个挂膜点位仿生植物附着生物膜硝化作用强度在三种 pH 培养条件下，随培养时间的延长，均呈现出明显的降低趋势（图 5.21～图 5.24），其主要原因在于随着试验时间的延长，仿生植物附着氮循环功能微生物的活性逐渐减弱，导致其硝化作用能力下降。

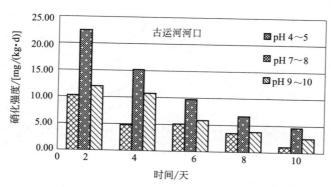

图 5.21　pH 对仿生植物附着生物膜硝化作用强度的影响（古运河河口）

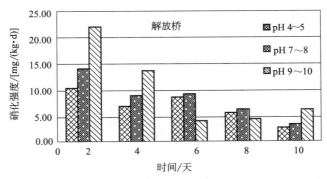

图 5.22　pH 对仿生植物附着生物膜硝化作用强度的影响（解放桥）

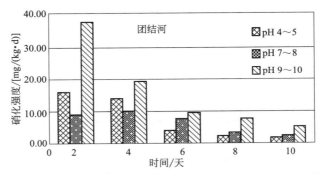

图 5.23　pH 对仿生植物附着生物膜硝化作用强度的影响（团结河）

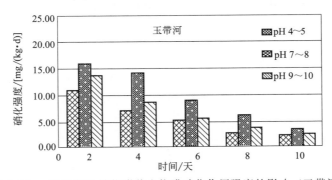

图 5.24　pH 对仿生植物附着生物膜硝化作用强度的影响（玉带河）

对各挂膜点位的三种 pH 值培养条件下的生物膜硝化作用强度平均值作对比分析，发现古运河河口点位以及玉带河点位，其生物膜试验初期硝化作用强度平均值表现为：$pH_{7\sim8} > pH_{9\sim10} > pH_{4\sim5}$（表 5.13），其中古运河河口点位的 $pH_{7\sim8}$ 的值较 $pH_{9\sim10}$ 以及 $pH_{4\sim5}$ 高 1.67 倍、2.37 倍，玉带河点位的 $pH_{7\sim8}$ 的值则较 $pH_{9\sim10}$ 以及 $pH_{4\sim5}$ 高 1.43 倍、1.75 倍。对于解放桥点位而言（表 5.13），其仿生植物附着生物膜的硝化作用强度表现为：$pH_{9\sim10} > pH_{7\sim8} > pH_{4\sim5}$，其中 $pH_{9\sim10}$ 的值较 $pH_{7\sim8}$ 以及 $pH_{4\sim5}$ 高 1.20 倍、1.47 倍，而团结河

点位的 $pH_{9\sim10}$ 的值最高，较 $pH_{7\sim8}$ 以及 $pH_{4\sim5}$ 高 2.45 倍、2.08 倍。以上结果表明，不同 pH 值培养条件对生物膜的硝化作用强度有明显的影响。

表 5.13　pH 对仿生植物附着生物膜的硝化作用强度影响统计结果

挂膜点位	处理组	平均值 /[mg/(kg·d)]	最小值 /[mg/(kg·d)]	最大值 /[mg/(kg·d)]	方差	变异系数 /%
古运河河口	$pH_{4\sim5}$	4.99	1.10	10.27	3.35	67.15
	$pH_{7\sim8}$	11.81	4.67	22.54	7.20	60.96
	$pH_{9\sim10}$	7.08	2.73	12.05	4.17	58.89
解放桥	$pH_{4\sim5}$	6.81	2.69	10.27	2.92	42.82
	$pH_{7\sim8}$	8.29	3.32	14.03	3.98	48.00
	$pH_{9\sim10}$	9.98	4.08	21.95	7.73	77.43
团结河	$pH_{4\sim5}$	7.66	2.05	15.61	6.55	85.50
	$pH_{7\sim8}$	6.50	2.45	9.89	3.36	51.62
	$pH_{9\sim10}$	15.91	5.42	37.39	13.09	82.29
玉带河	$pH_{4\sim5}$	5.39	2.05	10.66	3.54	65.67
	$pH_{7\sim8}$	9.43	3.20	15.61	5.25	55.65
	$pH_{9\sim10}$	6.60	2.33	13.43	4.44	67.35

5.3　氨氮浓度对仿生植物附着生物膜对氨氮降解效能的影响

氨氮浓度是影响硝化作用的重要限制因子，水体氨氮浓度过高将可能对亚硝化细菌产生毒害作用，并抑制硝化细菌的活性，致使硝化作用受限；而倘若水体氨氮浓度过低，则会导致硝化细菌受底物抑制（彭喜花等，2011），同样影响硝化反应的进行。

5.3.1　氨氮初始浓度对仿生植物附着生物膜对氨氮去除效果的影响

图 5.25 为不同氨氮初始浓度条件下古运河河口附着的仿生植物生物膜对氨氮降解效能的影响。由图可知，不同氨氮浓度对仿生植物附着生物膜的氨氮去除效能具有显著的影响，总体表现为：$NH_4^+\text{-}N_{20} > NH_4^+\text{-}N_{200} > NH_4^+\text{-}N_{400}$，表明水体氨氮初始浓度值在 20mg/L 左右时，仿生植物附着生物膜对氨氮具有较好的去除效果。其中，$NH_4^+\text{-}N_{20}$ 试验组氨氮去除率介于 $21.37\% \sim 55.86\%$ 之间，最高去除率为 55.86%，该值较 $NH_4^+\text{-}N_{200}$ 以及 $NH_4^+\text{-}N_{400}$ 试验组高 2.39 倍、3.95 倍。对于 $NH_4^+\text{-}N_{200}$ 以及 $NH_4^+\text{-}N_{400}$ 试验组而言，氨氮去除率分别介于

6.03％～23.41％以及 3.78％～14.14％之间（表 5.14）。对三组不同氨氮初始浓度试验组氨氮浓度作方差分析后，发现之间存在显著的差异（$P<0.05$）（表 5.15），可见不同氨氮初始浓度显著影响了试验系统中仿生植物附着生物膜对氨氮的降解能力。

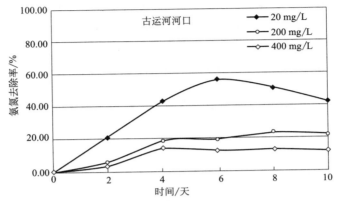

图 5.25　氨氮初始浓度对仿生植物附着生物膜对氨氮降解效能的影响（古运河河口）

表 5.14　氨氮初始浓度对仿生植物附着生物膜对氨氮降解效能影响统计结果

挂膜点位	处理组	平均值 /[mg/(kg·d)]	最小值 /[mg/(kg·d)]	最大值 /[mg/(kg·d)]	方差	变异系数 /％
古运河河口	NH_4^+-N_{20}	42.50	21.37	55.86	13.11	30.86
	NH_4^+-N_{200}	18.13	6.03	23.41	7.02	38.72
	NH_4^+-N_{400}	11.27	3.78	14.14	4.24	37.66
解放桥	NH_4^+-N_{20}	45.12	26.96	56.54	11.50	25.49
	NH_4^+-N_{200}	16.61	13.25	19.39	2.99	18.00
	NH_4^+-N_{400}	13.30	8.58	15.46	2.98	22.37
团结河	NH_4^+-N_{20}	32.22	16.60	45.50	10.88	33.78
	NH_4^+-N_{200}	8.35	0.71	12.03	4.45	53.30
	NH_4^+-N_{400}	12.28	6.37	15.46	3.51	28.63
玉带河	NH_4^+-N_{20}	30.07	13.88	42.64	10.69	35.54
	NH_4^+-N_{200}	12.61	5.49	16.05	4.17	33.05
	NH_4^+-N_{400}	8.72	5.45	13.08	3.19	36.55

表 5.15　氨氮初始浓度仿生植物附着生物膜对氨氮降解效能的影响的方差分析（古运河河口）

差异源	SS	df	MS	F	P 值	F 临界值
组间	2244.986	2	1122.493	5.924	0.013	3.682
组内	2842.260	15	189.484			
总计	5087.246	17				

对于解放桥样点而言，其附着的仿生植物生物膜对氨氮降解效能同样受氨氮

初始浓度的显著影响。由图 5.26 和表 5.16 可知，三组氨氮初始浓度处理组的氨氮降解效能平均值分别为 45.12％、16.61％以及 13.30％，氨氮去除率总体表现为：NH_4^+-N_{20}＞NH_4^+-N_{200}＞NH_4^+-N_{400}，表明水体氨氮初始浓度值在 20mg/L 左右时，仿生植物附着生物膜对氨氮具有较好的去除效果。其中，NH_4^+-N_{20} 试验组氨氮去除率介于 26.96％～56.54％之间，最高去除率为 56.54％，该值较 NH_4^+-N_{200} 以及 NH_4^+-N_{400} 试验组的高 2.92 倍、3.66 倍。对于 NH_4^+-N_{200} 以及 NH_4^+-N_{400} 试验组而言，氨氮去除率分别介于 13.25％～19.39％以及 8.58％～15.46％之间（表 5.14）。对三组不同氨氮初始浓度试验组氨氮浓度作方差分析后，发现存在显著的差异（$P<0.01$）(表 5.16)，可见不同氨氮初始浓度显著影响了试验系统中仿生植物附着生物膜对氨氮的降解能力。

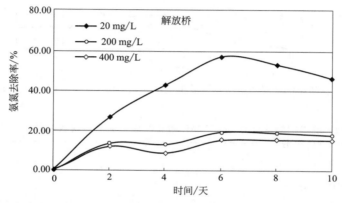

图 5.26 氨氮初始浓度对仿生植物附着生物膜对氨氮降解效能的影响（解放桥）

表 5.16 氨氮初始浓度下仿生植物附着生物膜对氨氮降解效能的影响的方差分析（解放桥）

差异源	SS	df	MS	F	P 值	F 临界值
组间	2549.656	2	1274.828	7.152	0.007	3.682
组内	2673.842	15	178.256			
总计	5223.498	17				

团结河与古运河河口以及解放桥的氨氮去除率变化不太一致，在不同氨氮初始浓度试验组的氨氮去除率分别为 32.22％、8.35％、12.28％，总体表现为：NH_4^+-N_{20}＞NH_4^+-N_{400}＞NH_4^+-N_{200}（图 5.27、表 5.17），其中，NH_4^+-N_{20} 试验组氨氮去除率随试验时间而明显增加并趋于平稳，至试验第 6 天时，该试验组的氨氮浓度由 20mg/L 降至 10.90mg/L，氨氮去除率达到最高值为 45.5％，该值分别比 NH_4^+-N_{200} 以及 NH_4^+-N_{400} 试验组的高 3.78 倍、2.94 倍。对于 NH_4^+-N_{200} 以及 NH_4^+-N_{400} 试验组而言，氨氮去除率分别介于 0.71％～12.03％以及 6.37％～15.46％之间（表 5.14）。对三组不同氨氮初始浓度试验组氨氮浓

度作方差分析后，发现存在显著的差异（$P < 0.01$）（表 5.17），可见不同氨氮初始浓度显著影响了试验系统中仿生植物附着生物膜对氨氮的降解能力。

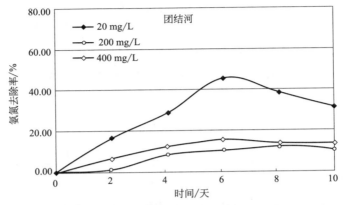

图 5.27　氨氮初始浓度对仿生植物附着生物膜对氨氮降解效能的影响（团结河）

表 5.17　氨氮初始浓度下仿生植物附着生物膜对氨氮降解效能的影响的方差分析（团结河）

差异源	SS	df	MS	F	P 值	F 临界值
组间	1365.796	2	682.898	6.203	0.011	3.682
组内	1651.263	15	110.084			
总计	3017.058	17				

　　玉带河样点的仿生植物附着生物膜对氨氮的降解效能平均值分别为 30.07%、12.61% 以及 8.72%，氨氮去除率总体表现为：NH_4^+-N_{20} > NH_4^+-N_{200} > NH_4^+-N_{400}，表明水体氨氮初始浓度值介于 20mg/L 左右时，仿生植物附着生物膜对氨氮具有较好的去除效果（图 5.28、表 5.14）。其中，NH_4^+-N_{20} 试验组氨氮去除率介于 13.88% ～ 42.64% 之间，最高去除率为 42.64%，该值较

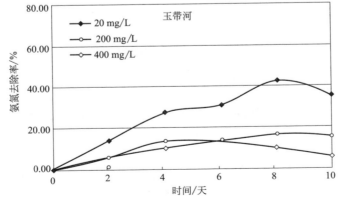

图 5.28　氨氮初始浓度对仿生植物附着生物膜对氨氮降解效能的影响（玉带河）

NH_4^+-N_{200} 以及 NH_4^+-N_{400} 试验组的高 2.66 倍、3.26 倍。对于 NH_4^+-N_{200} 以及 NH_4^+-N_{400} 试验组而言，氨氮去除率分别介于 5.49％～16.05％以及 5.45％～13.08％之间（表 5.14）。对三组不同氨氮初始浓度试验组氨氮浓度作方差分析后，发现存在显著的差异（$P<0.01$）（表 5.18），可见不同氨氮初始浓度显著影响了试验系统中仿生植物附着生物膜对氨氮的降解能力。

表 5.18　氨氮初始浓度下仿生植物附着生物膜对氨氮降解效能的影响的方差分析（玉带河）

差异源	SS	df	MS	F	P 值	F 临界值
组间	1076.982	2	538.491	5.326	0.018	3.682
组内	1516.600	15	101.107			
总计	2593.581	17				

5.3.2　氨氮浓度对仿生植物附着生物膜处理系统中硝态氮的积累动态影响

图 5.29～图 5.32 为不同氨氮初始浓度条件下，仿生植物附着生物膜 NO_3^--N 浓度的变化规律。由图可知，三组不同的氨氮初始浓度条件下，各处理系统中硝态氮均出现不同程度的升高并逐渐趋于下降的变化趋势。其中，古运河河口样点，NH_4^+-N_{20}，NH_4^+-N_{200} 以及 NH_4^+-N_{400} 试验组 NO_3^--N 浓度最高累积值分别为 0.122mg/L、0.075mg/L、0.085mg/L；解放桥样点的 NO_3^--N 浓度最高累积值分别为 0.110mg/L、0.074mg/L、0.062mg/L；团结河样点的 NO_3^--N 浓度最高累积值分别为 0.092mg/L、0.060mg/L、0.077mg/L；而玉带河样点的 NO_3^--N 浓度最高累积值分别为 0.072mg/L、0.057mg/L、0.052mg/L。此外，玉带河和解放桥样点的 NO_3^--N 累积平均值表现为：NH_4^+-N_{20}＞NH_4^+-N_{200}＞NH_4^+-N_{400}，而其余两个样点的 NO_3^--N 累积平均值则表现为：NH_4^+-N_{20}＞

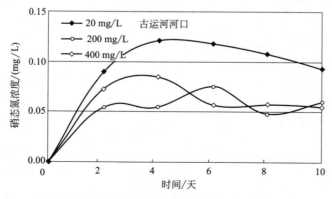

图 5.29　系统中硝态氮的积累速率（古运河河口）

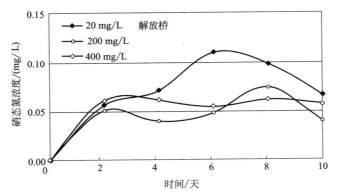

图 5.30 系统中硝态氮的积累速率（解放桥）

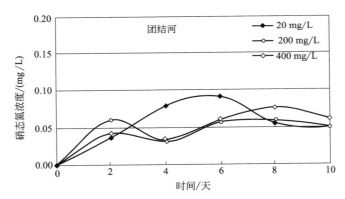

图 5.31 系统中硝态氮的积累速率（团结河）

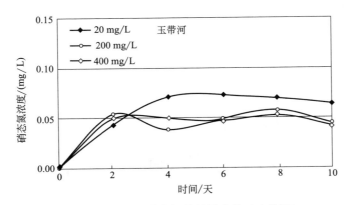

图 5.32 系统中硝态氮的积累速率（玉带河）

NH_4^+-$N_{400} > NH_4^+$-N_{200}。

对各处理系统中氨氮浓度与硝态氮浓度作相关性分析（表 5.19），结果发现，氨氮初始浓度为 20mg/L 试验条件下，四个样点的各处理系统之间存在显著负相关关系，表明 20mg/L 的氨氮初始浓度实件下，氨氮与硝态氮之间有明显的此起彼伏的消长变化趋势，这反映了系统中硝态氮是仿生植物附着生物膜对氨氮的硝化作用产物。

表 5.19　仿生植物附着生物膜氨氮降解速率与硝态氮的积累速率相关系数 r

r	古运河河口	解放桥	团结河	玉带河
NH_4^+-N_{20}	−0.710①	−0.883②	−0.716①	−0.783①
NH_4^+-N_{200}	−0.096	−0.425	0.164	0.151
NH_4^+-N_{400}	0.165	0.507	−0.577	−0.343

①和②表示在 $P < 0.05$ 和 $P < 0.01$ 上的显著相关性。

5.3.3　氨氮浓度对仿生植物附着生物膜的硝化作用强度的影响

进一步对仿生植物附着生物膜硝化作用强度进行分析，发现四个挂膜点位仿生植物附着生物膜硝化作用强度在三种不同初始浓度条件下，随着培养时间的延长均呈现出明显的降低趋势（图 5.33～图 5.36），其主要原因在于随着试验时间的延长，仿生植物附着氮循环功能微生物的活性逐渐减弱，导致其硝化作用能力下降。

对各挂膜点位的三种不同氨氮初始浓度培养条件下的生物膜硝化作用强度平均值作对比分析，发现古运河河口点位以及解放桥点位，其生物膜试验初期硝化作用强度平均值表现为：NH_4^+-$N_{20} > NH_4^+$-$N_{400} > NH_4^+$-N_{200}（表 5.20），而团结河以及玉带河点位仿生植物附着生物膜硝化作用强度平均值表现为：NH_4^+-$N_{200} > NH_4^+$-$N_{400} > NH_4^+$-N_{20}（表 5.20），表明氨氮初始浓度的差异将对生物膜的硝化作用强度产生不同的影响。

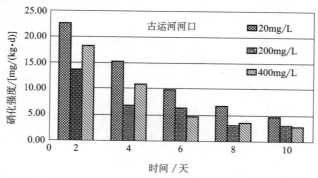

图 5.33　氨氮初始浓度对仿生植物附着生物膜硝化作用强度的影响（古运河河口）

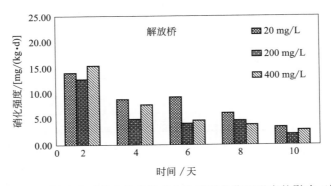

图 5.34 氨氮初始浓度对仿生植物附着生物膜硝化作用强度的影响（解放桥）

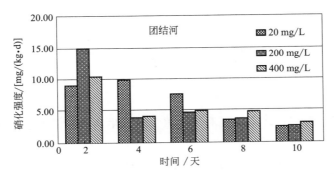

图 5.35 氨氮初始浓度对仿生植物附着生物膜硝化作用强度的影响（团结河）

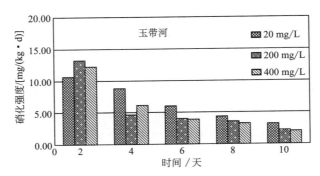

图 5.36 氨氮初始浓度对仿生植物附着生物膜硝化作用强度的影响（玉带河）

表 5.20　氨氮初始浓度对仿生植物附着生物膜的硝化作用强度影响统计结果

挂膜点位	处理组	平均值 /[mg/(kg·d)]	最小值 /[mg/(kg·d)]	最大值 /[mg/(kg·d)]	方差	变异系数 /%
古运河河口	NH_4^+-N_{20}	11.81	4.67	22.54	7.20	60.96
	NH_4^+-N_{200}	6.55	3.00	13.63	4.33	66.09
	NH_4^+-N_{400}	8.00	2.77	18.19	6.49	81.11
解放桥	NH_4^+-N_{20}	8.29	3.32	14.03	3.98	48.00
	NH_4^+-N_{200}	5.63	1.97	12.64	4.08	72.49
	NH_4^+-N_{400}	6.80	2.85	15.22	5.03	73.97
团结河	NH_4^+-N_{20}	6.50	2.45	9.89	3.36	51.62
	NH_4^+-N_{200}	5.95	2.49	15.02	5.13	86.28
	NH_4^+-N_{400}	5.48	3.04	10.46	2.89	52.70
玉带河	NH_4^+-N_{20}	6.60	3.20	10.66	3.09	46.88
	NH_4^+-N_{200}	5.53	2.21	13.24	4.40	79.51
	NH_4^+-N_{400}	5.51	2.05	12.25	4.04	73.35

5.4　本章小结

　　本章内容针对三种环境因子对仿生植物附着生物膜对氨氮去除效能的影响进行了研究，主要结果如下。

　　① 溶解氧含量的增加显著提高了仿生植物附着生物膜对氨氮的去除效果。曝气组氨氮浓度显著下降，且与硝态氮出现此消彼长的变化趋势，表明曝气组氨氮浓度降解主要机制为仿生植物附着生物膜的硝化作用；非曝气组氨氮浓度无显著下降，氨氮最高去除率较试验组差异显著，表明缺氧条件下，仿生植物附着生物膜的硝化作用受到抑制。

　　② pH 值对仿生植物附着生物膜的氨氮去除效能的总体表现为：pH＝7～8＞pH＝10～11＞pH＝4～5，即水体 pH 值介于 7～8 时，仿生植物附着生物膜对氨氮具有最好的去除效果。

　　③ 不同氨氮浓度条件下仿生植物附着生物膜对氨氮的去除效果差异显著，试验结果表明在试验设定的三种氨氮浓度条件下，氨氮去除率大小关系表现为 20mg/L＞200mg/L＞400mg/L，表明在试验设定的三种浓度范围内，水体氨氮浓度在 20mg/L 左右时，仿生植物处理系统具有较高的氨氮去除效能。

第6章
仿生植物附着生物膜的特性研究

本章内容对仿生植物挂膜期间其附着生物膜的生物量、生物膜硝化-反硝化作用强度以及生物膜氮循环功能微生物的动态变化进行分析，力求揭示仿生植物附着生物膜对水体氮素的降解机制。

6.1 仿生植物附着生物膜
生物量的动态变化分析

生物量是描述仿生植物附着生物膜生长特征的一个最为直观的表征参数。在自然水体中，生物膜是一个半稳定的、开放的动力学系统，其组分常常处于动态变化之中，水环境中的各种成分都将在生物膜上发生合成、聚结、转化以及降解等作用，成为生物膜的一部分，最终表现为生物膜的生物量（张珂，2011）。

Wimpenny 从微生物的角度研究了生物膜发育形成的条件和时间序列：①存在着清洁的、可用于聚居的固体表面；②一种有机分子膜快速形成；③聚结的细胞松散地附着；④聚居的细菌牢固地附着；⑤微生物群落形成，产生胞外聚合物；⑥群落向上和向下扩展，形成规则和不规则的结构；⑦生物膜成熟，新的菌种进入生物膜并生长，有机和无机碎片结合其中，溶液梯度形成，导致生物膜空间的异相结构；⑧生物膜可能被噬细菌的原生动物捕食；⑨成熟的生物膜可以脱落，使这种循环交替重复进行；⑩形成了一种顶级群落。同时，现有的研究表明，生物膜的生物量在生长过程中往往表现为"S"形增长曲线，即在生长初期生物膜的生物量很小，随着时间延长，生物量逐渐积累，并维持在一个相对稳定的水平。本书的研究结果也证实了这种生长曲线的变化。

6.1.1 以立体弹性填料为原材料的仿生植物附着生物膜生物量 动态变化

图 6.1 为以立体弹性填料为原材料制成的仿生植物上附着生物膜的生物量动态变化曲线。由图 6.1 可知，夏季时，随试验时间的延长，其附着的生物膜生物量逐渐增加，并最终趋于稳定。试验开始至第 10 天，生物膜生物量从 0.0027g/g 增加到 0.014g/g，增长速率为 1.1mg/(g·d)；而从第 10～20 天，生物膜的生物量从 0.014g/g 逐步增加到 0.041g/g，增长速率为 2.7mg/(g·d)，该时间段内，生物量呈现快速增加趋势；随后，生物量增加变缓，自试验第 20～28 天，生物膜的生物量从 0.041g/g 增加到 0.051g/g，增长速率降低为 1.0mg/(g·d)。由此可见，夏季挂膜时，以立体弹性填料为原材料的仿生植物附着生物膜的生物量的增长经历稳定-快速增长-稳定这三个阶段。

此外，当该仿生植物在冬季挂膜时，其附着生物膜的生物量动态变化同样经

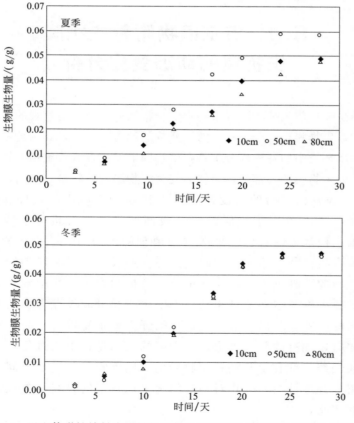

图 6.1 以立体弹性填料为原材料的仿生植物附着生物膜生物量动态变化

历稳定-快速增长-稳定这三个阶段（图 6.1）。由图 6.1 可知，随试验时间的延长，生物膜的生物量逐渐增加，并最终趋于稳定。试验开始至第 10 天，生物膜生物量从 0.0016g/g 增加到 0.0099g/g，增长速率为 0.8mg/(g·d)；而从第 10~20 天，生物膜的生物量从 0.0099g/g 逐步增加到 0.043g/g，增长速率 3.3mg/(g·d)，该时间段内，生物量呈现快速增加趋势；随后，生物量增加变缓，自试验第 20~28 天，生物膜的生物量从 0.043g/g 增加到 0.047g/g，增长速率为 0.4mg/(g·d)。

此外，对以立体弹性填料为原材料的仿生植物附着生物膜生物量在冬夏两个季节的增长速率等进行对比分析后发现（表 6.1），生物膜的增长速率、生物膜最大值以及平均值均表现为：夏季＞冬季，但方差分析结果表明以上指标在冬夏两季均无显著性差异（$P＞0.05$），表明季节对其附着生物膜生物量的影响较小。

表 6.1 以立体弹性填料为原材料的仿生植物附着生物膜生物量的季节变化对比分析

季节	挂膜水深	平均值/(g/g)	最大值/(g/g)	增长速率/[mg/(g·d)]
冬季	10cm	0.026	0.049	1.668
	50cm	0.026	0.047	1.619
	80cm	0.026	0.048	1.635
	均值	0.026	0.048	0.048
夏季	10cm	0.026	0.049	0.164
	50cm	0.033	0.059	2.008
	80cm	0.024	0.047	1.587
	均值	0.027	0.052	1.743

进一步对三种不同水深处的仿生植物附着生物膜生物量最大值以及生物量增长速率作对比分析（图 6.2、图 6.3、表 6.1）。由图表可知三种不同水深处的仿生植物附着生物膜生物量大小变化不大。方差分析表明（表 6.2、表 6.3），三个采样点的生物量无显著差异（$P＞0.1$），表明水深对仿生植物附着生物膜生物量的增长无显著的影响。

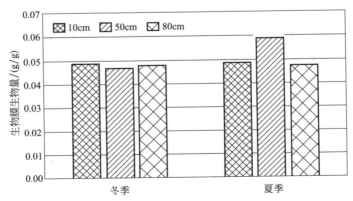

图 6.2 不同水深处立体弹性填料制成的仿生植物上附着生物膜的生物量最大值

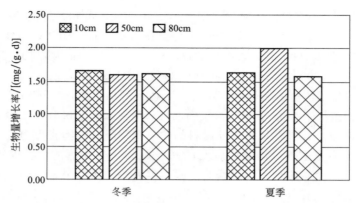

图 6.3　不同水深处立体弹性填料制成的仿生植物上附着生物膜的生物量增长率

表 6.2　立体弹性填料不同水深处生物量方差分析表（冬季）

差异源	SS	df	MS	F	P 值	F 临界值
组间	0.000	2	0.000	0.004	0.996	3.467
组内	0.008	21	0.000			
总计	0.008	23				

表 6.3　立体弹性填料不同水深处生物量方差分析表（夏季）

差异源	SS	df	MS	F	P 值	F 临界值
组间	0.000	2	0.000	0.555	0.582	3.467
组内	0.008	21	0.000			
总计	0.008	23				

6.1.2　以组合填料为原材料的仿生植物附着生物膜生物量动态变化

图 6.4 为以组合填料为原材料制成的仿生植物上附着生物膜的生物量动态变化曲线。由图 6.4 可知，当夏季挂膜时，组合填料上附着生物膜生物量表现为稳定-快速增长-稳定的变化趋势。从试验开始至第 10 天，组合填料生物膜生物量从 0.0018g/g 增加到 0.017g/g，增长速率为 1.5mg/(g·d)；而从第 10～20 天，生物膜的生物量从 0.017g/g 逐步增加到 0.044g/g，增长速率为 2.7mg/(g·d)，该时间段内，生物量呈现快速增加趋势；随后生物量增加变缓，自试验第 20～28 天，生物膜的生物量从 0.044g/g 增加到 0.056g/g，增长速率减缓为 1.2mg/(g·d)。而当冬季挂膜时，组合填料上附着生物膜生物量同样表现为稳定-快速增长-稳定的变化趋势。从试验开始至第 10 天，组合填料生物膜生物量从 0.0027g/g 增加到 0.015g/g，增长速率为 1.2mg/(g·d)；而从第 10～20 天，生物膜的生物量从 0.015g/g 逐步增加到 0.044g/g，增长速率为 2.9mg/(g·d)，

该时间段内，生物量呈现快速增加趋势；随后，生物量增加变缓，自试验第20～28天，生物膜的生物量从0.044g/g增加到0.051g/g，增长速率仅为0.7mg/(g·d)。

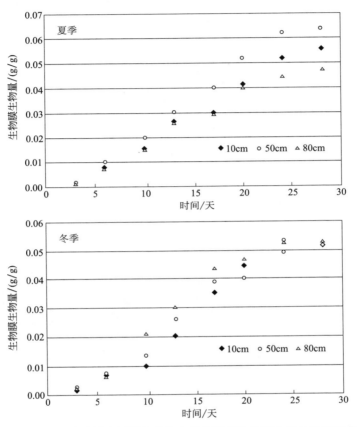

图6.4　以组合填料为原材料的仿生植物附着生物膜生物量动态变化

此外，对以组合填料为原材料的仿生植物附着生物膜生物量在冬夏两个季节的增长速率等进行对比分析后发现（表6.4），生物膜的增长速率、生物膜最大值以及平均值均表现为：夏季＞冬季，但方差分析结果表明以上指标在冬夏两季均无显著性差异（$P > 0.05$），表明季节对其附着生物膜生物量的影响较小。

进一步对三种不同水深处的仿生植物附着生物膜生物量最大值以及生物量增长速率作对比分析（图6.5、图6.6、表6.4）。由图表可知三种不同水深处的仿生植物附着生物膜生物量的大小在冬季节表现为：80cm＞10cm＞50cm，夏季则表现为：50cm＞10cm＞80cm。其生物膜增长速率则表现为：80cm＞10cm＞50cm（冬季）以及50cm＞10cm＞80cm（夏季），方差分析表明（表6.5、表6.6），三个采样点的生物量以及增长速率等均无显著差异（$P > 0.1$），表明水深对仿生植物附着生物膜生物量的增长无显著的影响。

表 6.4 以组合填料为原材料的仿生植物附着生物膜生物量的季节变化对比分析

季节	挂膜水深	平均值/(g/g)	最大值/(g/g)	增长速率/[mg/(g·d)]
冬季	10cm	0.027	0.052	1.781
	50cm	0.029	0.051	1.700
	80cm	0.032	0.053	1.797
	均值	0.029	0.052	1.759
夏季	10cm	0.029	0.056	1.927
	50cm	0.035	0.064	2.218
	80cm	0.026	0.048	1.651
	均值	0.030	0.056	1.932

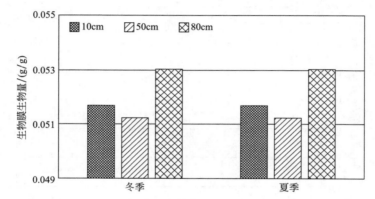

图 6.5 不同水深处组合填料制成的仿生植物上附着生物膜的生物量最大值

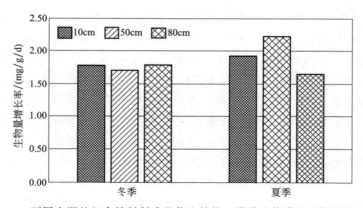

图 6.6 不同水深处组合填料制成的仿生植物上附着生物膜的生物量增长率

仿生植物在对重污染水体氮素去除中的应用

表 6.5　组合填料不同水深处生物量方差分析表（冬季）

差异源	SS	df	MS	F	P 值	F 临界值
组间	0.000	2	0.000	0.127	0.881	3.467
组内	0.008	21	0.000			
总计	0.008	23				

表 6.6　组合填料不同水深处生物量方差分析表（夏季）

差异源	SS	df	MS	F	P 值	F 临界值
组间	0.000	2	0.000	0.429	0.657	3.467
组内	0.009	21	0.000			
总计	0.009	23				

6.1.3　以半软性填料为原材料的仿生植物附着生物膜生物量动态变化

图 6.7 为以半软性填料为原材料制成的仿生植物上附着生物膜的生物量动态变化曲线。由图 6.7 可知，当夏季挂膜时，半软性填料附着生物膜生物量表现为稳定-快速增长-稳定的变化趋势。其中，从试验开始至第 10 天，半软性填料上附着的生物膜生物量从 0.0009g/g 增加到 0.0098g/g，增长速率为 0.9mg/(g·d)；而从第 10~20 天，生物膜的生物量从 0.0098g/g 逐步增加到 0.033g/g，增长速率为 2.3mg/(g·d)，该时间段内，生物量呈现快速增加趋势；随后，生物量增加变缓，自试验第 20~28 天，生物膜的生物量从 0.033g/g 增加到 0.042g/g，增长率仅为 0.9mg/(g·d)。而当冬季挂膜时，半软性填料附着生物膜生物量同样表现为稳定-快速增长-稳定的变化趋势。其中，从试验开始至第 10 天，半软性填料生物膜生物量从 0.0018g/g 增加到 0.0084g/g，增长速率为 0.6mg/(g·d)；而从第 10~20 天，生物膜的生物量从 0.0084g/g 逐步增加到 0.030g/g，增长速率为 2.1mg/(g·d)，该时间段内，生物量呈现快速增加趋势；随后，生物量增加变缓，自试验第 20~28 天，生物膜的生物量从 0.030g/g 增加到 0.041g/g，增长率为 1.1mg/(g·d)。

此外，对以半软性填料为原材料的仿生植物附着生物膜生物量在冬夏两个季节的增长速率等进行对比分析后发现（表 6.7），生物膜的增长速率、生物膜最大值表现为：夏季＞冬季，但方差分析结果表明以上指标在冬夏两季均无显著性差异（$P > 0.05$），表明季节对其附着生物膜生物量的影响较小。

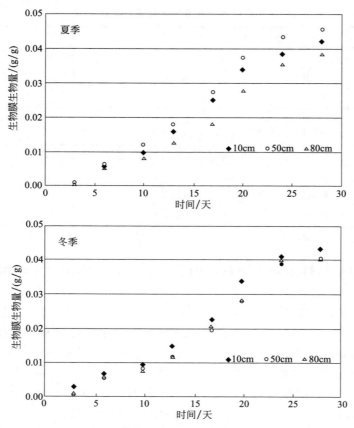

图 6.7　以半软性填料为原材料的仿生植物附着生物膜生物量动态变化

表 6.7　以半软性填料为原材料的仿生植物附着生物膜生物量的季节变化对比分析

季节	挂膜水深	平均值/(g/g)	最大值/(g/g)	增长速率/[mg/(g·d)]
冬季	10cm	0.022	0.044	1.441
	50cm	0.019	0.040	1.408
	80cm	0.020	0.040	1.392
	均值	0.020	0.041	1.414
夏季	10cm	0.021	0.042	1.473
	50cm	0.024	0.046	1.587
	80cm	0.018	0.038	1.344
	均值	0.021	0.042	1.468

　　进一步对三种不同水深处的仿生植物附着生物膜生物量最大值以及生物量增长速率作对比分析（图 6.8、图 6.9、表 6.7）。由图表可知三种不同水深处的仿生植物附着生物膜生物量的大小在冬季节表现为：80cm＞10cm＞50cm，夏季表现为：50cm＞10cm＞80cm。其生物膜增长速率则表现为：10cm＞50cm＞80cm

（冬季）以及 50cm＞10cm＞80cm（夏季），方差分析表明（表6.8、表6.9），三个采样点的生物量以及增长速率等均无显著差异（$P＞0.1$），表明水深对仿生植物附着生物膜生物量的增长无显著的影响。

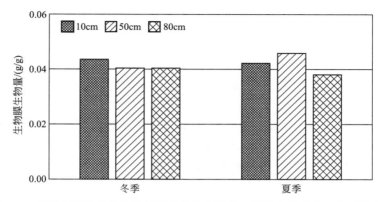

图 6.8　不同水深处半软性填料制成的仿生植物上附着生物膜的生物量最大值

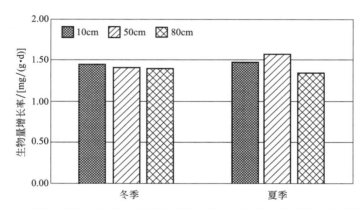

图 6.9　不同水深处半软性填料制成的仿生植物上附着生物膜的生物量增长率

表 6.8　组合填料不同水深处生物量方差分析表（冬季）

差异源	SS	df	MS	F	P 值	F 临界值
组间	0.000	2	0.000	0.088	0.916	3.467
组内	0.005	21	0.000			
总计	0.005	23				

表 6.9　组合填料不同水深处生物量方差分析表（夏季）

差异源	SS	df	MS	F	P 值	F 临界值
组间	0.000	2	0.000	0.281	0.758	3.467
组内	0.005	21	0.000			
总计	0.005	23				

6.1.4　以悬浮填料为原材料的仿生植物附着生物膜生物量动态变化

　　图6.10为以悬浮填料为原材料制成的仿生植物上附着生物膜的生物量动态变化曲线。由图6.10可知,当夏季挂膜时,从试验开始至第10天,悬浮填料上附着的生物膜生物量从0.0023g/g增加到0.021g/g,增长速率为1.8mg/(g·d);而从第10～20天,生物膜的生物量从0.021g/g逐步增加到0.048g/g,增长速率为2.7mg/(g·d),该时间段内,生物量呈现快速增加趋势;随后,生物量增加变缓,自试验第20～28天,生物膜的生物量从0.048g/g增加到0.068g/g,增长速率为2.0mg/(g·d)。而当冬季挂膜时,悬浮填料从试验开始至第10天,生物膜生物量从0.0024g/g增加到0.010g/g,增长速率为0.9mg/(g·d);而从第10～20天,生物膜的生物量从0.010g/g逐步增加到0.042g/g,增长速率为3.2mg/(g·d),该时间段内,生物量呈现快速增加趋势;随后,生物量增加变缓,自试验第20～28天,

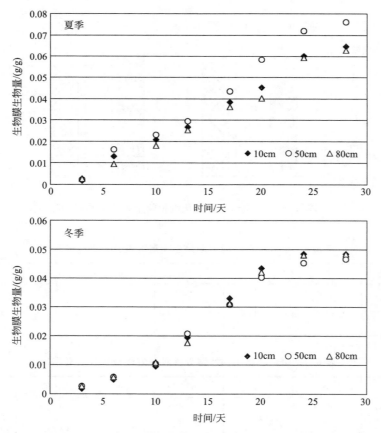

图6.10　以悬浮填料为原材料的仿生植物附着生物膜生物量动态变化

生物膜的生物量从 0.042g/g 增加到 0.048g/g，增长速率为 0.6mg/(g·d)。

此外，对以悬浮填料为原材料的仿生植物附着生物膜生物量在冬夏两个季节的增长速率等进行对比分析后发现（表 6.10），生物膜的增长速率、生物膜最大值以及生物膜平均值表现为：夏季＞冬季，但方差分析结果表明以上指标在冬夏两季均无显著性差异（$P＞0.05$），表明季节对其附着生物膜生物量的影响较小。

表 6.10　悬浮填料为原材料的仿生植物附着生物膜生物量的季节变化对比分析

季节	挂膜水深	平均值/(g/g)	最大值/(g/g)	增长速率/[mg/(g·d)]
冬季	10cm	0.026	0.049	1.668
	50cm	0.025	0.047	1.570
	80cm	0.026	0.049	1.635
	均值	0.026	0.048	1.624
夏季	10cm	0.034	0.065	2.250
	50cm	0.040	0.076	2.639
	80cm	0.032	0.063	2.153
	均值	0.035	0.068	2.347

进一步对三个不同水深处的仿生植物附着生物膜生物量最大值以及生物量增长速率作对比分析（图 6.11、图 6.12、表 6.10）。由图表可知三种不同水深处的仿生植物附着生物膜生物量的大小在冬季节均表现为：80cm＞10cm＞50cm，在夏季则表现为：50cm＞10cm＞80cm；对于其生物膜增长速率而言，其变化顺序表现为：10cm＞80cm＞50cm（冬季），50cm＞10cm＞80cm（夏季）。方差分析表明（表 6.11、表 6.12），三个采样点的生物量以及增长速率等均无显著差异（$P＞0.1$），表明水深对仿生植物附着生物膜生物量的增长无显著的影响。

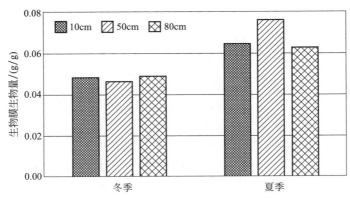

图 6.11　不同水深处悬浮填料制成的仿生植物上附着生物膜的生物量最大值

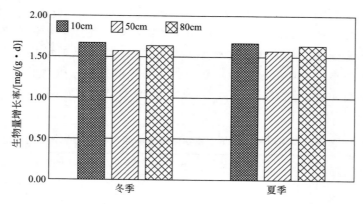

图 6.12　不同水深处悬浮填料制成的仿生植物上附着生物膜的生物量增长率

表 6.11　悬浮填料不同水深处生物量方差分析表（冬季）

差异源	SS	df	MS	F	P 值	F 临界值
组间	0.000	2	0.000	0.004	0.996	3.467
组内	0.007	21	0.000			
总计	0.007	23				

表 6.12　悬浮填料不同水深处生物量方差分析表（夏季）

差异源	SS	df	MS	F	P 值	F 临界值
组间	0.000	2	0.000	0.264	0.771	3.467
组内	0.012	21	0.001			
总计	0.012	23				

6.1.5　不同原材料的仿生植物附着生物膜生物量的对比分析

仿生植物上附着生物膜生物量除了与试验时间密切相关外，不同填料的性能对其生物膜生物量的大小亦有一些影响，试验结束时，四种仿生植物上附着生物膜的生物量平均值大小表现为：组合填料＞悬浮填料＞立体弹性填料＞半软性填料（冬季）；悬浮填料＞组合填料＞立体弹性填料＞半软性填料（夏季）（图 6.13）。此外，生物膜的增长速率表现为：组合填料＞立体弹性填料＞悬浮填料＞半软性填料（冬季）；组合填料＞立体弹性填料＞悬浮填料＞半软性填料（夏季）（图 6.14）。造成这种差异的主要原因在于填料性能上的差异，其中组合填料结合了软性填料比表面积大、质量轻以及半软性填料良好的布气、布水性质的优点，可使得微生物大量聚集、繁殖；虽然悬浮填料比表面积大、挂膜快，然而填料上的生物膜也容易被冲刷下来；而立体弹性填料具有比表面积大、孔隙率高、充氧性能好的优点，但生物膜不易被冲刷，而使测量值偏小；半软性填料比表面积小、表面光滑难挂膜、生物膜易脱落的特点，使得其生物量偏小。然而，对以上四种填料生物膜生物量的大小作方差分析后发现，四种仿生植物附着生物膜的生物量及其增长速率并无显著差异（$P>0.1$）（表6.13～表6.16）。

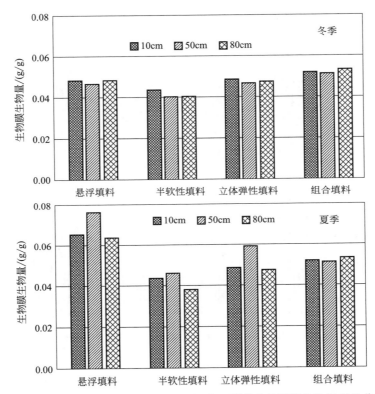

图6.13 不同材质原材料制成的仿生植物上附着生物膜的生物量对比分析

表6.13　不同材质原材料的仿生植物附着生物膜生物量方差分析表（冬季）

差异源	SS	df	MS	F	P 值	F 临界值
组间	0.000	2	0.000	0.171	0.846	4.256
组内	0.000	9	0.000			
总计	0.000	11				

表6.14　不同材质原材料的仿生植物附着生物量方差分析表（夏季）

差异源	SS	df	MS	F	P 值	F 临界值
组间	0.000	2	0.000	0.534	0.604	4.256
组内	0.001	9	0.000			
总计	0.001	11				

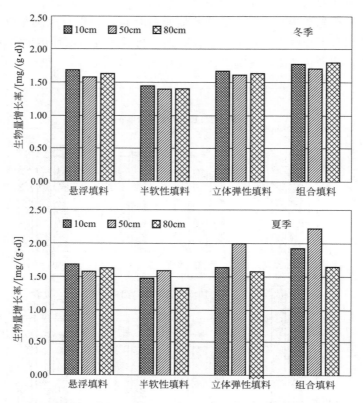

图 6.14　不同材质原材料制成的仿生植物上附着生物膜的生物量增长速率对比分析

表 6.15　不同材质原材料的仿生植物附着生物膜生物量增长速率方差分析表（冬季）

差异源	SS	df	MS	F	P 值	F 临界值
组间	0.009	2	0.004	0.203	0.820	4.256
组内	0.190	9	0.021			
总计	0.198	11				

表 6.16　不同材质原材料的仿生植物附着生物膜生物量增长速率方差分析表（夏季）

差异源	SS	df	MS	F	P 值	F 临界值
组间	0.171	2	0.086	1.625	0.250	4.256
组内	0.475	9	0.053			
总计	0.646	11				

6.2 仿生植物附着生物膜的硝化
作用强度动态变化分析

6.2.1 以立体弹性填料为原材料的仿生植物附着生物膜硝化作用强度分析

图 6.15 为夏季和冬季立体弹性填料制成的仿生植物上附着生物膜的硝化强度动态变化曲线。由图可知,夏季挂膜期间,从试验开始至第 10 天,生物膜硝化强度持续增加,平均从 0.88mg/(kg•h) 增加到 2.26mg/(kg•h),而从第 10 天直至挂膜结束,生物膜的硝化强度介于 1.29~2.26mg/(kg•h) 范围内。冬季挂膜期间,从试验开始至第 10 天,立体弹性填料制成的仿生植物上附着生物膜的硝化强度持续增加,平均从 0.80mg/(kg•h) 增加到 2.23mg/(kg•h),

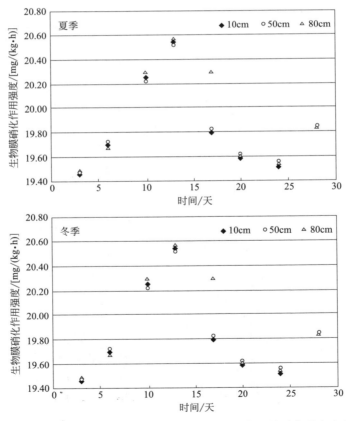

图 6.15 挂膜期间立体弹性填料制成的仿生植物上的硝化强度变化

而从第 10 天直至挂膜结束，生物膜的硝化强度在于 1.24～2.23mg/(kg·h) 之间。由此可见，在夏冬两个季节，立体弹性填料上附着生物膜的硝化强度的增长均经历快速增长-稳定这两个阶段。

此外，对以立体弹性填料为原材料的仿生植物附着生物膜硝化作用强度在冬夏两个季节的增长速率等进行对比分析后发现（表 6.17），生物膜硝化作用强度最大值以及平均值均表现为：夏季＞冬季，然而其增长速率则表现为：冬季＞夏季。此外，方差分析结果表明以上指标在冬夏两季均无显著性差异（$P > 0.05$），表明季节对其附着生物膜的硝化作用强度影响较小。

表 6.17 仿生植物附着生物膜硝化作用强度的统计结果（立体弹性填料）

季节	挂膜水深	平均值/[mg/(kg·h)]	最大值/[mg/(kg·h)]	增长速率/[mg/(g·h)]
冬季	10cm	1.594	2.406	54.477
	50cm	1.332	2.095	46.109
	80cm	1.313	2.181	51.960
	均值	1.413	2.227	50.848
夏季	10cm	1.705	2.780	67.876
	50cm	1.459	2.074	39.905
	80cm	1.149	1.927	40.163
	均值	1.438	2.261	49.315

进一步对三个不同水深处的仿生植物附着生物膜硝化作用强度平均值作对比分析（图 6.16、表 6.17）。由图表可知，冬季时 10cm 水深处的硝化强度值显著大于 50cm 以及 80cm 水深处，而 50cm 水深处的硝化强度值则稍大于 80cm 处。其中，上层采样点的平均硝化强度为 1.59mg/(kg·h)，中层和底层采样点则分别为 1.33mg/(kg·h) 和 1.31mg/(kg·h)。总体来讲，三种不同水深处的仿生植物附着生物膜硝化作用功能强度表现为：10cm＞50cm＞80cm。造成这种趋势的原因有两方面：一方面是 0～10cm 上层氧含量高。在此试验过程中，大气复

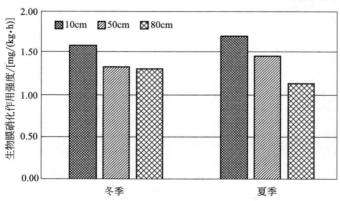

图 6.16 不同水深处立体弹性填料制成的仿生植物附着生物膜硝化作用强度平均值

氧是其主要的氧源，充足的氧源为氨氮的硝化和硝化细菌的生长创造了良好的条件，也就使得上层采样点具有更大的硝化潜力。另一方面是因为硝化强度易受基质浓度的影响（Wimpenny，1996）。由于本试验每次从试验桶上层换水，上层水中营养盐丰富，有利于反应速率的提高。方差分析表明（表6.18、表6.19），三个采样点的生物量无显著差异（$P > 0.1$），表明水深对仿生植物附着生物膜的硝化作用强度的增长无显著的影响。

表 6.18　立体弹性填料不同水深处硝化作用强度方差分析表（冬季）

差异源	SS	df	MS	F	P 值	F 临界值
组间	0.394	2	0.197	1.213	0.317	3.467
组内	3.415	21	0.163			
总计	3.810	23				

表 6.19　立体弹性填料不同水深处硝化作用强度方差分析表（夏季）

差异源	SS	df	MS	F	P 值	F 临界值
组间	1.241	2	0.620	3.402	0.052	3.467
组内	3.829	21	0.182			
总计	5.069	23				

6.2.2　以组合填料为原材料的仿生植物附着生物膜硝化作用强度的动态变化

图6.17为夏季和冬季组合填料制成的仿生植物上附着生物膜的硝化强度动态变化曲线。由图可见，夏季挂膜期间，组合填料上附着生物膜的硝化强度的增长表现为快速增长-稳定的变化趋势。从试验开始至第10天，生物膜硝化强度持续增加，平均值从0.88mg/（kg·h）增加到2.18mg/（kg·h），而从第10天直至挂膜结束，生物膜的硝化强度在1.43～1.91mg/（kg·h）范围内波动变化。此外，冬季附着生物膜的硝化强度的增长同样表现为快速增长-稳定的变化趋势。从试验开始至第17天，生物膜硝化强度持续增加，平均从0.88mg/（kg·h）增加到1.84mg/（kg·h），而从第17天直至挂膜结束，生物膜的硝化强度在1.21～1.75mg/（kg·h）范围内波动变化。

此外，对以组合填料为原材料的仿生植物附着生物膜硝化作用强度在冬夏两个季节的增长速率等进行对比分析后发现（表6.20），生物膜硝化作用强度最大值、平均值以及增长速率均表现为：夏季＞冬季。此外，方差分析结果表明以上指标在冬夏两季均无显著性差异（$P > 0.05$），表明季节对其附着生物膜的硝化作用强度影响较小。

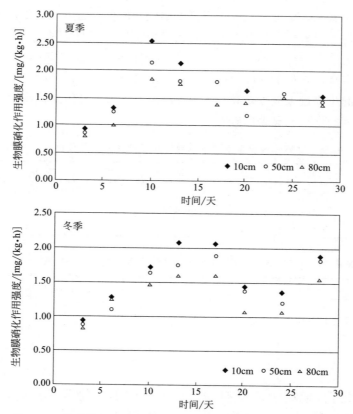

图 6.17　挂膜期间组合填料制成的仿生植物上的硝化强度变化

表 6.20　仿生植物附着生物膜硝化作用强度的统计结果（组合填料）

季节	挂膜水深	平均值/[mg/(kg·h)]	最大值/[mg/(kg·h)]	增长速率/[mg/(g·h)]
冬季	10cm	1.591	2.078	40.006
	50cm	1.456	1.892	36.173
	80cm	1.304	1.607	28.737
	均值	1.450	1.859	34.972
夏季	10cm	1.705	2.546	56.701
	50cm	1.525	2.155	45.521
	80cm	1.401	1.860	37.739
	均值	1.543	2.187	46.654

　　进一步对三个不同水深处的仿生植物附着生物膜硝化作用强度平均值作对比分析（图 6.18、表 6.20）。由图表可知，三种不同水深处的仿生植物附着生物膜硝化作用强度表现为：10cm＞50cm＞80cm。方差分析表明（表 6.21、表 6.22），三个采样点的硝化作用强度无显著差异（$P＞0.1$），表明水深对仿生植物附着生物膜的硝化作用强度的增长无显著的影响。

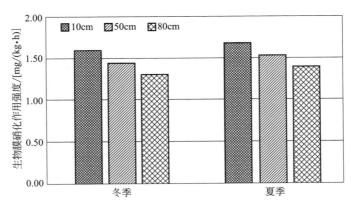

图 6.18　不同水深处组合填料制成的仿生植物附着生物膜硝化作用强度平均值

表 6.21　组合填料不同水深处硝化作用强度方差分析表（冬季）

差异源	SS	df	MS	F	P 值	F 临界值
组间	0.329508886	2	0.165	1.272	0.301	3.467
组内	2.719937844	21	0.123			
总计	3.049	23				

表 6.22　组合填料不同水深处硝化作用强度方差分析表（夏季）

差异源	SS	df	MS	F	P 值	F 临界值
组间	0.374	2	0.187	1.070	0.361	3.467
组内	3.672	21	0.175			
总计	0.374	2				

6.2.3　以半软性填料为原材料的仿生植物附着生物膜硝化作用强度动态变化

图 6.19 为夏季和冬季半软性填料制成的仿生植物上附着生物膜的硝化强度动态变化曲线。由图可知，夏季时，半软性填料附着生物膜硝化强度表现为快速增长-稳定的变化趋势，其生物膜的硝化强度从试验开始至第 10 天，生物膜硝化强度持续增加，平均从 0.73mg/(kg·h) 增加到 1.38mg/(kg·h)，而从第 10 天直至挂膜结束，生物膜的硝化强度在 1.14～1.38mg/(kg·h) 范围内波动变化。冬季时，半软性填料上生物膜的硝化强度从试验开始至第 13 天，生物膜硝化强度持续增加，平均从 0.73mg/(kg·h) 增加到 1.46mg/(kg·h)，而从第 13 天直至挂膜结束，生物膜的硝化强度在 1.05～1.34mg/(kg·h) 范围内波动变化。

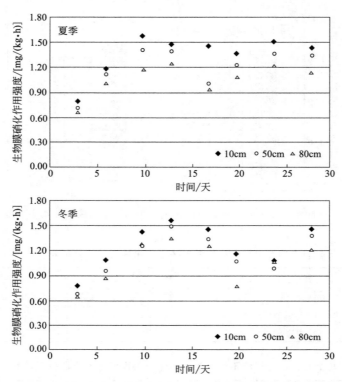

图 6.19　半软性填料制成的仿生植物上的硝化作用强度的变化

　　此外，对以半软性填料为原材料的仿生植物附着生物膜硝化作用强度在冬夏两个季节的增长速率等进行对比分析后发现（表 6.23），生物膜硝化作用强度平均值表现为：夏季＞冬季，而最大值以及增长速率则均表现为：冬季＞夏季。此外，方差分析结果表明以上指标在冬夏两季均无显著性差异（$P>0.05$），表明季节对其附着生物膜的硝化作用强度影响较小。

表 6.23　仿生植物附着生物膜硝化作用强度的统计结果（半软性填料）

季节	挂膜水深	平均值/[mg/(kg·h)]	最大值/[mg/(kg·h)]	增长速率/[mg/(g·h)]
冬季	10cm	1.250	1.555	26.898
	50cm	1.149	1.484	27.037
	80cm	1.054	1.331	24.450
	均值	1.151	1.457	26.129
夏季	10cm	1.353	1.564	27.133
	50cm	1.201	1.407	24.295
	80cm	1.063	1.253	21.553
	均值	1.205	1.408	24.327

　　进一步对三个不同水深处的仿生植物附着生物膜生物量硝化作用强度和增长

速率作对比分析（图6.20、表6.23）。由图表可知，三种不同水深处的仿生植物附着生物膜硝化作用强度表现为：10cm＞50cm＞80cm。方差分析表明（表6.24、表6.25），三个采样点的硝化作用强度无显著差异（$P＞0.1$），表明水深对仿生植物附着生物膜的硝化作用强度的增长无显著的影响。

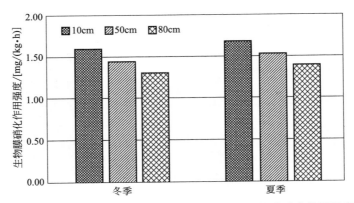

图6.20 不同水深处半软性填料制成的仿生植物附着生物膜硝化作用强度平均值

表6.24 半软性填料不同水深处硝化作用强度方差分析表（冬季）

差异源	SS	df	MS	F	P 值	F 临界值
组间	0.155	2	0.077	1.191	0.324	3.467
组内	1.363	21	0.123			
总计	1.518	23				

表6.25 半软性填料不同水深处硝化作用强度方差分析表（夏季）

差异源	SS	df	MS	F	P 值	F 临界值
组间	0.337	2	0.169	3.188	0.062	3.467
组内	1.111	21	0.053			
总计	1.449	23				

6.2.4 以悬浮填料为原材料的仿生植物附着生物膜硝化作用强度动态变化

图6.21为夏季和冬季悬浮填料制成的仿生植物上附着生物膜的硝化强度动态变化曲线。由图可知，夏季挂膜期间，悬浮填料上生物膜的硝化强度从试验开始至第10天，生物膜硝化强度持续增加，平均从1.03mg/(kg·h)增加到2.38mg/(kg·h)，而从第10天直至挂膜结束，生物膜的硝化强度介于1.48～1.79mg/(kg·h)范围内。冬季挂膜期间，从试验开始至第13天，生物膜硝化强

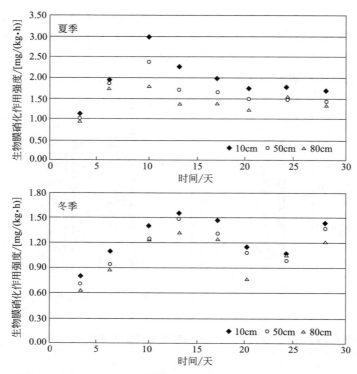

图 6.21　挂膜期间悬浮填料制成的仿生植物上的硝化强度变化

度持续增加，平均从 0.91mg/(kg·h) 增加到 2.69mg/(kg·h)，而从第 13 天直至挂膜结束，生物膜的硝化强度介于 1.28～1.68mg/(kg·h) 范围内。

此外，对以悬浮填料为原材料的仿生植物附着生物膜硝化作用强度在冬夏两个季节的增长速率等进行对比分析后发现（表 6.26），生物膜硝化作用强度平均值表现为：夏季＞冬季，然而其增长速率以及最大值则表现为：冬季＞夏季。此外，方差分析结果表明以上指标在冬夏两季均无显著性差异（$P>0.05$），表明季节对其附着生物膜的硝化作用强度影响较小。

表 6.26　仿生植物附着生物膜硝化作用强度的统计结果（悬浮填料）

季节	挂膜水深	平均值/[g/(kg·h)]	最大值/[g/(kg·h)]	增长速率/[g/(g·h)]
冬季	10cm	1.697	2.915	69.893
	50cm	1.586	2.759	67.126
	80cm	1.406	2.388	53.855
	均值	1.563	2.687	63.625
夏季	10cm	1.938	2.987	66.944
	50cm	1.627	2.375	47.872
	80cm	1.417	1.779	29.281
	均值	1.661	2.380	48.032

对三种不同水深处的仿生植物附着生物膜硝化作用强度最大值以及增长速率作对比分析（图6.22、表6.26）。由图表可知，冬季时10cm水深处的硝化强度值显著大于50cm以及80cm水深处。其中，上层采样点的平均硝化强度为1.697mg/(kg·h)，中层和底层采样点则分别为1.586mg/(kg·h)和1.406mg/(kg·h)。夏季时，三种水深处的硝化作用增长速率则分别为：66.94g/(g·h)、47.87g/(g·h)、29.28g/(g·h)。总体来讲，三种不同水深处的仿生植物附着生物膜硝化作用强度表现为：10cm＞50cm＞80cm。方差分析表明（表6.27、表6.28），三个采样点的硝化作用值无显著差异（P＞0.1），表明水深对仿生植物附着生物膜的硝化作用强度的增长无显著的影响。

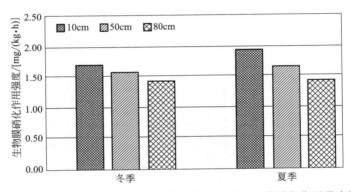

图6.22　不同水深处悬浮填料制成的仿生植物附着生物膜硝化作用强度平均值

表6.27　悬浮填料不同水深处硝化作用强度方差分析表（冬季）

差异源	SS	df	MS	F	P 值	F 临界值
组间	0.345	2	0.172	0.619	0.548	3.467
组内	5.842	21	0.278			
总计	6.197	23				

表6.28　悬浮填料不同水深处硝化作用强度方差分析表（夏季）

差异源	SS	df	MS	F	P 值	F 临界值
组间	1.097	2	0.548	3.216	0.060	3.467
组内	3.581	21	0.171			
总计	4.678	23				

6.2.5　不同原材料的仿生植物附着生物膜硝化作用强度的对比分析

仿生植物上附着生物膜硝化作用强度除了与试验时间密切相关外，不同填料的性能对其生物膜硝化作用强度的大小亦有一些影响，试验结束时，四种仿生植物上附着生物膜的硝化作用强度的平均值大小表现为：悬浮填料＞组合填料＞立体弹性填料＞半软性填料（图 6.23）。这与四种仿生植物上的生物量的变化趋势基本一致。其中，硝化作用强度的大小反映的是氨氮的去除能力，主要与硝化菌的活性有关。硝化菌属于化能自养型细菌，它们的生长不受有机物质的限制，主要与温度、pH 和氧分压有关。硝化细菌最适 pH 介于 7.5～8.0 之间，温度则介于 25～30℃ 之间。在同一试验装置内，温度、pH 和氧分压之间的差异可以忽略不计，而生物量较大的生物膜相应所含的硝化菌数量较多，硝化强度相对较大，故四种仿生植物的硝化强度呈现与生物量类似的规律。然而，对以上四种填料生物膜硝化作用强度的大小作方差分析后发现，四种仿生植物附着生物膜的硝化作用强度及其增长速率均无显著差异（$P>0.1$）（表 6.29、表 6.30）。

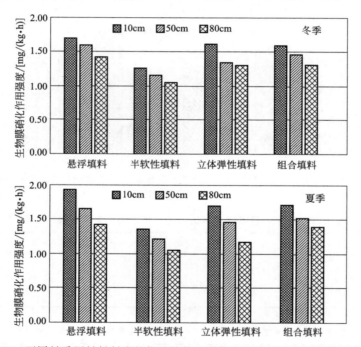

图 6.23　不同材质原材料制成的仿生植物上附着生物膜硝化作用强度对比分析

表 6.29　不同材质原材料的仿生植物附着生物膜硝化作用强度方差分析表（冬季）

差异源	SS	df	MS	F	P 值	F 临界值
组间	0.1403	2	0.070	2.211	0.166	4.256
组内	0.285	9	0.032			
总计	0.426	11				

表 6.30　不同材质原材料的仿生植物附着硝化作用强度方差分析表（夏季）

差异源	SS	df	MS	F	P 值	F 临界值
组间	0.349306359	2	0.175	4.256	0.050	4.256
组内	0.369371	9	0.0001			
总计	0.719	11				

6.3　仿生植物附着生物膜的反硝化作用强度动态变化分析

6.3.1　以立体弹性填料为原材料的仿生植物附着生物膜反硝化作用强度分析

图 6.24 为夏季和冬季立体弹性填料制成的仿生植物上附着生物膜的反硝化强度动态变化曲线。由图可知，夏季挂膜期间，从试验开始至第 13 天，生物膜

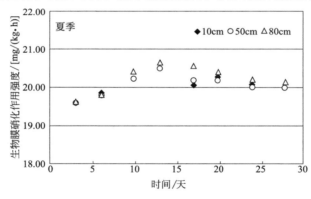

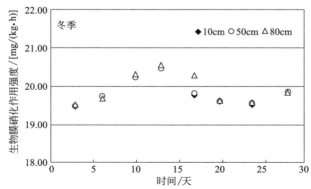

图 6.24　挂膜期间立体弹性填料制成的仿生植物上的反硝化强度变化

反硝化强度持续增加，平均从 19.62mg/(kg·h) 增加到 20.57mg/(kg·h)，而从第 13 天直至挂膜结束，生物膜的反硝化强度在 20.04～20.28mg/(kg·h) 范围内波动变化。由此可见，夏季立体弹性填料上附着生物膜的反硝化强度的增长经历快速增长-稳定这两个阶段。冬季挂膜期间，从试验开始至第 13 天，生物膜反硝化强度持续增加，平均从 19.48mg/(kg·h) 增加到 20.54mg/(kg·h)，而从第 13 天直至挂膜结束，生物膜的反硝化强度在 19.54～19.98mg/(kg·h) 范围内波动变化，表明立体弹性填料上附着生物膜的反硝化强度在冬季的增长也经历了快速增长-稳定这两个阶段。

此外，以对立体弹性填料为原材料的仿生植物附着生物膜反硝化作用强度在冬夏两个季节的增长速率等进行对比分析后发现（表 6.31），生物膜反硝化作用强度最大值以及平均值均表现为：夏季＞冬季，然而其增长速率则表现为：冬季＞夏季。此外，方差分析结果表明以上指标在冬夏两季均无显著性差异（P＞0.05），表明季节对其附着生物膜的反硝化作用强度影响较小。

表 6.31　仿生植物附着生物膜反硝化作用强度的统计结果（立体弹性填料）

季节	挂膜水深	平均值/[mg/(kg·h)]	最大值/[mg/(kg·h)]	增长速率/[mg/(g·h)]
冬季	10cm	19.835	20.547	38.682
	50cm	19.847	20.499	36.294
	80cm	19.919	20.584	38.887
	均值	19.867	20.543	37.954
夏季	10cm	20.086	20.571	34.450
	50cm	20.064	20.497	31.495
	80cm	20.208	20.640	35.986
	均值	20.119	20.569	33.977

进一步对三种不同水深处的仿生植物附着生物膜反硝化作用强度最大值以及增长速率作对比分析（图 6.25、表 6.31）。由图表可知，冬季时 80cm 水深处的

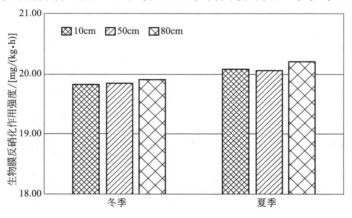

图 6.25　不同水深处立体弹性填料制成的仿生植物附着生物膜反硝化作用强度平均值

反硝化强度值稍大于 10cm 以及 50cm 水深处。其中，底层采样点的平均反硝化强度为 19.92mg/(kg·h)，上层和中层采样点则分别为 19.83mg/(kg·h) 和 19.85mg/(kg·h)。而夏季时不同水深处反硝化强度值大小则为：底层（80cm）＞上层（10cm）＞中层（50cm）。总体来讲，三种不同水深处的仿生植物附着生物膜反硝化作用强度最高值均为水下 80cm 处，但方差分析表明（表 6.32、表 6.33），三种水深处生物膜的反硝化作用强度间无显著差异（$P > 0.1$），表明水深对仿生植物附着生物膜的反硝化作用强度的增长无显著的影响。

表 6.32 立体弹性填料不同水深处生物膜反硝化作用强度方差分析表（冬季）

差异源	SS	df	MS	F	P 值	F 临界值
组间	0.033	2	0.016	0.112	0.895	3.467
组内	3.062	21	0.146			
总计	3.095	23				

表 6.33 立体弹性填料不同水深处生物膜反硝化作用强度方差分析表（夏季）

差异源	SS	df	MS	F	P 值	F 临界值
组间	0.097	2	0.048	0.510	0.608	3.467
组内	1.994	21	0.095			
总计	2.091	23				

6.3.2 以组合填料为原材料的仿生植物附着生物膜反硝化作用强度的动态变化

图 6.26 为夏季和冬季组合填料制成的仿生植物上附着生物膜的反硝化强度动态变化曲线。由图可见，夏季时，组合填料上附着生物膜的反硝化强度的增长表现为快速增长-稳定的变化趋势。从试验开始至第 13 天，生物膜反硝化强度持续增加，平均从 19.80mg/(kg·h) 增加到 20.50mg/(kg·h)，而从第 13 天直至挂膜结束，生物膜的反硝化强度介于 20.04～20.38mg/(kg·h) 范围内。冬季时，组合填料上附着生物膜的反硝化强度的增长同样表现为快速增长-稳定的变化趋势。从试验开始至第 13 天，生物膜反硝化强度持续增加，平均从 19.52mg/(kg·h) 增加到 20.63mg/(kg·h)，而从第 13 天直至挂膜结束，生物膜的反硝化强度在 19.59～20.47mg/(kg·h) 范围内波动变化。

此外，对以组合填料为原材料的仿生植物附着生物膜反硝化作用强度在冬夏两个季节的增长速率等进行对比分析后发现（表 6.34），生物膜反硝化作用强度平均值表现为：夏季＞冬季；反硝化最大值以及增长速率则表现为：冬季＞夏季。此外，方差分析结果表明以上指标在冬夏两季均无显著性差异（$P > 0.05$），表明季节对其附着生物膜的反硝化作用强度影响较小。

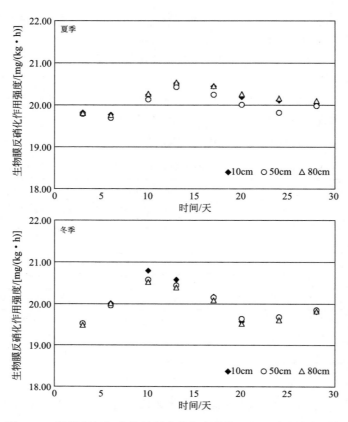

图 6.26　挂膜期间组合填料制成的仿生植物上的反硝化强度变化

表 6.34　仿生植物附着生物膜反硝化作用强度的统计结果（组合填料）

季节	挂膜水深	平均值/[mg/(kg·h)]	最大值/[mg/(kg·h)]	增长速率/[mg/(g·h)]
冬季	10cm	20.022	20.795	45.605
	50cm	19.986	20.582	37.334
	80cm	19.938	20.525	36.690
	均值	19.982	20.634	39.876
夏季	10cm	20.144	20.523	26.897
	50cm	20.014	20.432	26.367
	80cm	20.172	20.543	27.814
	均值	20.110	20.499	27.026

进一步对三种不同水深处的仿生植物附着生物膜反硝化作用强度平均值作对比分析（图 6.27、表 6.34）。由图表可知，冬季时各采样点的反硝化强度相差不大。其中，上层采样点的平均反硝化强度为 20.02mg/(kg·h)，中层和底层采样点则分别为 19.99mg/(kg·h) 和 19.94mg/(kg·h)。而夏季试验过程中，底

层和上层采样点的反硝化强度值明显大于中层。方差分析表明（表6.35、表6.36），三个采样点的反硝化作用强度无显著差异（$P > 0.1$），表明水深对仿生植物附着生物膜的反硝化作用强度的增长无显著的影响。

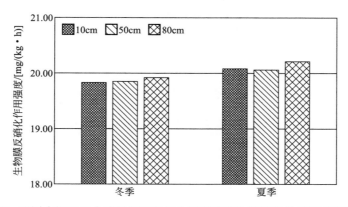

图6.27　不同水深处组合填料制成的仿生植物附着生物膜硝化作用强度平均值

表6.35　组合填料不同水深处生物膜反硝化作用强度方差分析表（冬季）

差异源	SS	df	MS	F	P 值	F 临界值
组间	0.029	2	0.0143	0.083	0.921	3.467
组内	3.619	21	0.123			
总计	3.648	23				

表6.36　组合填料不同水深处生物膜反硝化作用强度方差分析表（夏季）

差异源	SS	df	MS	F	P 值	F 临界值
组间	0.113	2	0.057	0.801	0.462	3.467
组内	1.486	21	0.071			
总计	1.599	2				

6.3.3　以半软性填料为原材料的仿生植物附着生物膜反硝化作用强度的动态变化

　　图6.28为夏季和冬季半软性填料制成的仿生植物上附着生物膜的反硝化强度动态变化曲线。由图可知，夏季时，半软性填料上附着生物膜反硝化强度表现为快速增长-稳定的变化趋势。从试验开始至第13天，生物膜反硝化强度持续增加，平均从19.60mg/(kg·h)增加到20.36mg/(kg·h)，而从第13天直至挂膜结束，生物膜的反硝化强度在20.04~20.18mg/(kg·h)

范围内波动变化。冬季时，半软性填料以及悬浮填料上附着生物膜反硝化强度同样表现为快速增长-稳定的变化趋势。由图 6.28 可知，从试验开始至第 13 天，生物膜反硝化强度持续增加，平均从 19.36mg/(kg·h) 增加到 20.36mg/(kg·h)，而从第 10 天直至挂膜结束，生物膜的反硝化强度介于 19.63～20.04mg/(kg·h) 范围内。

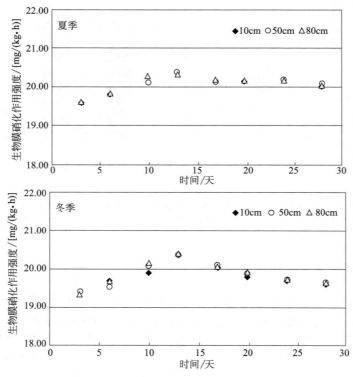

图 6.28　半软性填料制成的仿生植物上的反硝化作用强度的变化

此外，对以半软性填料为原材料的仿生植物附着生物膜反硝化作用强度在冬夏两个季节的增长速率等进行对比分析后发现（表 6.37），生物膜反硝化作用强度平均值表现为：夏季＞冬季，而最大值以及增长速率则均表现为：冬季＞夏季。此外，方差分析结果表明以上指标在冬夏两季均无显著性差异（$P>0.05$），表明季节对其附着生物膜的反硝化作用强度影响较小。

进一步对三种不同水深处的仿生植物附着生物膜反硝化作用强度最大值以及增长速率作对比分析（图 6.29、表 6.37）。由图表可知，三种不同水深处的仿生植物附着生物膜反硝化作用功能强度表现为：80cm＞50cm＞10cm。方差分析表明（表 6.38、表 6.39），三个采样点的生物膜反硝化作用强度间无显著差异（$P>0.1$），表明水深对仿生植物附着生物膜的反硝化作用强度的增长无显著的影响。

表 6.37　仿生植物附着生物膜反硝化作用强度的统计结果（半软性填料）

季节	挂膜水深	平均值/[mg/(kg·h)]	最大值/[mg/(kg·h)]	增长速率/[mg/(g·h)]
冬季	10cm	19.784	20.332	33.778
	50cm	19.835	20.384	35.095
	80cm	19.840	20.386	38.937
	均值	19.820	20.367	35.937
夏季	10cm	20.064	20.378	28.086
	50cm	20.067	20.377	27.139
	80cm	20.076	20.310	24.750
	均值	20.069	20.355	26.658

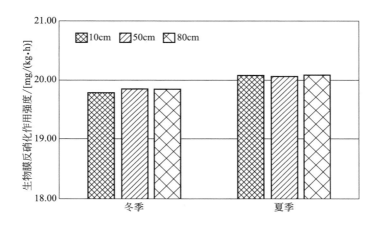

图 6.29　不同水深处半软性填料制成的仿生植物附着生物膜反硝化作用强度平均值

表 6.38　半软性填料在不同水深处生物膜反硝化作用强度方差分析表（冬季）

差异源	SS	df	MS	F	P 值	F 临界值
组间	0.033	2	0.016	0.112	0.895	3.467
组内	3.062	21	0.146			
总计	3.095	23				

表 6.39　半软性填料在不同水深处生物膜反硝化作用强度方差分析表（夏季）

差异源	SS	df	MS	F	P 值	F 临界值
组间	0.097	2	0.048	0.510	0.608	3.467
组内	1.994	21	0.095			
总计	2.091	23				

6.3.4 以悬浮填料为原材料的仿生植物附着生物膜反硝化作用强度的动态变化

图 6.30 为夏季和冬季悬浮填料制成的仿生植物上附着生物膜的反硝化强度动态变化曲线。由图可知，夏季时，从试验开始至第 13 天，生物膜反硝化强度持续增加，平均从 19.77mg/(kg·h) 增加到 20.50mg/(kg·h)，而从第 13 天直至挂膜结束，生物膜的反硝化强度介于 20.03～20.24mg/(kg·h) 范围内。冬季时，从试验开始至第 10 天，生物膜硝化强度持续增加，平均从 19.42mg/(kg·h) 增加到 20.60mg/(kg·h)，而从第 10 天直至挂膜结束，生物膜的反硝化强度介于 19.62～20.21mg/(kg·h) 范围内。

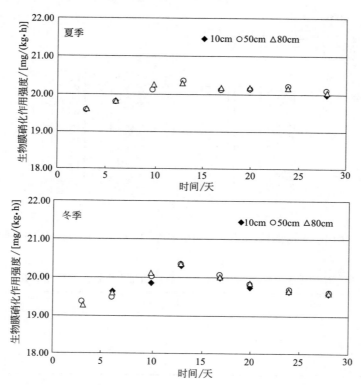

图 6.30 挂膜期间悬浮填料制成的仿生植物上的反硝化强度变化

此外，对以悬浮填料为原材料的仿生植物附着生物膜反硝化作用强度在冬夏两个季节的增长速率等进行对比分析后发现（表 6.40），生物膜反硝化作用强度平均值表现为：夏季＞冬季，然而其增长速率以及最大值则表现为：冬季＞夏季。此外，方差分析结果表明以上指标在冬夏两季均无显著性差异（$P>0.05$），表明季节对其附着生物膜的反硝化作用强度影响较小。

表 6.40　仿生植物附着生物膜反硝化作用强度的统计结果（悬浮填料）

季节	挂膜水深	平均值/[g/(kg・h)]	最大值/[g/(kg・h)]	增长速率/[g/(g・h)]
冬季	10cm	19.923	20.618	41.783
	50cm	19.904	20.562	42.000
	80cm	19.947	20.645	43.164
	均值	19.925	20.608	42.316
夏季	10cm	20.217	20.603	28.888
	50cm	20.161	20.529	26.496
	80cm	20.248	20.623	31.589
	均值	20.209	20.585	28.991

对三个不同水深处的仿生植物附着生物膜反硝化作用强度最大值以及增长速率作对比分析（图 6.31、表 6.40）。由图表可知，冬季时底层采样点的反硝化强度稍大，上层采样点次之，中层采样点最小。其中，底层采样点的平均反硝化强度为 19.95mg/(kg・h)，上层和中层采样点则分别为 19.92mg/(kg・h) 和 19.90mg/(kg・h)。而夏季试验时底层采样点的反硝化强度为 20.25mg/(kg・h)，大于上层采样点和中层采样点。此外，方差分析表明（表 6.41、表 6.42），三个采样点的反硝化作用强度无显著差异（$P>0.1$），表明水深对仿生植物附着生物膜的反硝化作用强度的增长无显著的影响。

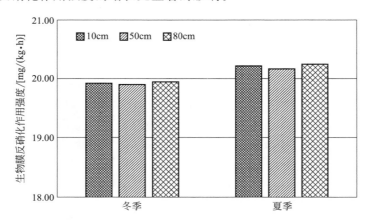

图 6.31　不同水深处悬浮填料制成的仿生植物附着生物膜反硝化作用强度平均值

表 6.41　悬浮填料不同水深处生物膜反硝化作用强度方差分析表（冬季）

差异源	SS	df	MS	F	P 值	F 临界值
组间	0.033	2	0.0163	0.112	0.895	3.467
组内	3.062	21	0.278			
总计	3.095	23				

表 6.42　悬浮填料不同水深处生物膜反硝化作用强度方差分析表（夏季）

差异源	SS	df	MS	F	P 值	F 临界值
组间	0.097	2	0.048	0.510	0.608	3.467
组内	1.994	21	0.095			
总计	2.091	23				

6.3.5　不同原材料的仿生植物附着生物膜反硝化作用强度的对比分析

对四种材质的仿生植物附着生物膜反硝化作用强度进行对比分析（图6.32）。结果表明：四种仿生植物上附着生物膜的反硝化作用强度的平均值大小表现为：组合填料＞悬浮填料＞立体弹性填料＞半软性填料（冬季）；悬浮填料＞立体弹性填料＞组合填料＞半软性填料（夏季）。这与四种仿生植物反硝化作用强度的变化趋势是一致的。反硝化作用强度的大小反映的是仿生植物处理系统的脱氮能力，主要与反硝化菌的活性有关。反硝化强度一般受 pH、溶解氧、硝酸盐、亚硝酸盐等还原物质浓度的影响。许多反硝化微生物是异养的，在纯培养和自然条件下反硝化菌的最适 pH 在 7～8，但在废物中可能达到 11（支霞辉等，2006；陈琳，2003）。在同一试验装置内，温度、pH 和氧分压之间的差异

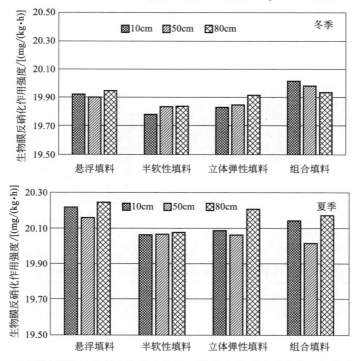

图 6.32　不同材质原材料制成的仿生植物上附着生物膜反硝化作用强度对比分析

可以忽略不计，然而反硝化反应的底物硝酸盐、亚硝酸盐等还原物质的浓度主要与硝化作用有关，硝化强度越大，则相应的还原物质浓度越高，故四种仿生植物的反硝化强度呈现与硝化强度类似的规律。然而，对以上四种填料生物膜反硝化作用强度的大小作方差分析后发现，四种仿生植物附着生物膜反硝化作用强度及其增长速率均无显著差异（$P>0.1$）(表6.43、表6.44)。

表 6.43　不同材质原材料的仿生植物附着生物膜反硝化作用强度方差分析表（冬季）

差异源	SS	df	MS	F	P 值	F 临界值
组间	0.0009	2	0.0005	0.079	0.925	4.256
组内	0.054	9	0.006			
总计	0.055	11				

表 6.44　不同材质原材料的仿生植物附着反硝化作用强度方差分析表（夏季）

差异源	SS	df	MS	F	P 值	F 临界值
组间	0.020	2	0.001	2.148	0.173	4.256
组内	0.042	9	0.005			
总计	0.061	11				

此外，硝化、反硝化作用强度是反映微生物降解氮素活性的重要指标。填料上具有良好的缺氧或厌氧环境时，微生物便可进行充分的反硝化作用。本试验中，在挂膜初期，随着挂膜时间的延长，生物膜生物量不断增加，反硝化作用强度随之增加，随后，直至挂膜结束，反硝化强度在一个稳定的范围内波动，造成这种趋势的主要原因在于进水水质的波动变化。

6.4　仿生植物附着生物膜的氮循环细菌数量分析

6.4.1　仿生植物附着生物膜的氨化细菌变化特征

图6.33和表6.45为冬季四种仿生植物附着生物膜中氨化细菌数量的变化。从图可知，四种仿生植物的氨化细菌数量介于（1.40~3.6）×10^5 个/g（立体弹性填料）、（1.40~3.6）×10^5 个/g（组合填料）、（0.90~2.30）×10^5 个/g（半软性填料）、（5.90~11.3）×10^5 个/g（悬浮填料），平均值分别为 2.43×10^5 个/g、2.87×10^5 个/g、1.53×10^5 个/g、8.77×10^5 个/g，故四种仿生植物上氨化细菌数量的变化顺序为：悬浮填料＞组合填料＞立体弹性填料＞半软性填料。

图6.34和表6.45为夏季四种仿生植物附着生物膜中氨化细菌数量的变化。从图可知，四种仿生植物的氨化细菌数量介于（16.0~33.0）×10^5 个/g（立体

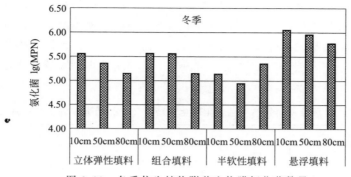

图 6.33 冬季仿生植物附着生物膜氨化菌数量

弹性填料）、（24.0～26.0）×10⁵ 个/g（组合填料）、（4.00～20.0）×10⁵ 个/g（半软性填料）、（15.0～36.0）×10⁵ 个/g（悬浮填料），平均值分别为 23.0×10⁵ 个/g、25.0×10⁵ 个/g、12.0×10⁵ 个/g、26.7×10⁵ 个/g，故四种仿生植物上氨化细菌数量的变化顺序同样表现为：悬浮填料＞组合填料＞立体弹性填料＞半软性填料。

微生物在填料表面的附着生长与填料的物理和化学性质有关，其中，填料的比表面积、空隙率、表面的孔径分布等显著影响微生物膜的附着，原因在于填料表面孔洞的大小，除容纳微生物个体之外，还必须留有供细胞与基质之间进行扩散和交换的空间。填料的孔径分布对其获得最大附着生物浓度影响较大。以上四种材质的仿生植物，其中悬浮填料的比表面积、空隙率较大，因此，更有利于细菌的生长，这与生物膜的生物量变化呈现出同样的规律。

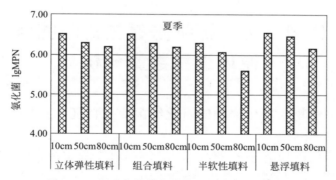

图 6.34 夏季仿生植物附着生物膜氨化菌数量

此外，夏季时四种填料的仿生植物附着生物膜氨化细菌的平均值分别为冬季平均值的 9.45 倍（立体弹性填料）、8.72 倍（组合填料）、7.83 倍（半软性填料）以及 3.04 倍（悬浮填料），均表现为：夏季＞冬季。水深对仿生植物附着生物膜的氨化细菌也有明显的影响。由图可知，除了半软性填料，其余填料制成的仿生植物附着生物膜的氨化细菌数量均表现为：10cm＞50cm＞80cm。

表 6.45   仿生植物附着生物膜氨化细菌的统计结果

项目	立体弹性填料		组合填料		半软性填料		悬浮填料	
	冬季	夏季	冬季	夏季	冬季	夏季	冬季	夏季
平均值/(10^5 个/g)	2.43	23.0	2.87	25.0	1.53	12.0	8.77	26.7
最小值/(10^5 个/g)	1.40	16.0	1.40	24.0	9.00	4.00	5.90	15.0
最大值/(10^5 个/g)	3.60	33.0	3.60	26.0	2.30	20.0	11.3	36.0
方差	1.11	8.89	1.27	1.00	0.71	8.00	2.72	10.7
变异系数/%	45.45	38.64	44.31	4.00	46.27	66.67	30.97	40.10

6.4.2   仿生植物附着生物膜的硝化细菌的变化

图 6.35 和表 6.46 为冬季四种仿生植物附着生物膜硝化菌数量的变化。从图表中可知，立体弹性填料硝化菌数量介于（4.50～9.10）×10^4 个/g，平均值为 6.87×10^4 个/g；组合填料硝化菌数量介于 0.45×10^4～1.36×10^5 个/g，平均值为 1.06×10^5 个/g；半软性填料硝化菌数据介于（4.50～9.10）×10^4 个/g，平均值为 6.03×10^4 个/g；悬浮填料硝化菌数量介于（0.45～1.36）×10^5 个/g，平均值为 1.29×10^5 个/g。故四种仿生植物上硝化细菌数量的变化顺序为：悬浮填料＞组合填料＞立体弹性填料＞半软性填料。

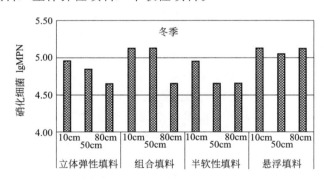

图 6.35   冬季四种仿生植物硝化细菌数量变化

图 6.36 和表 6.46 为夏季四种仿生植物附着生物膜硝化细菌的数量变化。从图表中可知，立体弹性填料硝化菌数量介于（2.20～8.20）×10^5 个/g，平均值为 4.97×10^4 个/g；组合填料硝化菌数量介于（7.70～9.50）×10^5 个/g，平均值 8.47×10^5 个/g；半软性填料硝化菌数据介于（1.40～6.80）×10^5 个/g，平均值为 3.50×10^5 个/g；悬浮填料硝化菌数量介于（8.20～9.00）×10^5 个/g，平均值为 8.60×10^5 个/g。故四种仿生植物上硝化细菌数量的变化顺序同样表现为：悬浮填料＞组合填料＞立体弹性填料＞半软性填料。

表 6.46　仿生植物附着生物膜硝化细菌的统计结果

项目	立体弹性填料		组合填料		半软性填料		悬浮填料	
	冬季	夏季	冬季	夏季	冬季	夏季	冬季	夏季
平均值/(10^5 个/g)	0.687	4.97	1.06	8.47	0.603	3.50	1.29	8.60
最小值/(10^5 个/g)	0.450	2.20	0.45	7.70	0.45	1.40	1.14	8.20
最大值/(10^5 个/g)	0.910	8.20	1.36	9.50	0.91	6.80	1.36	9.00
方差	0.23	3.03	0.525	0.929	0.266	2.89	1.27	0.40
变异系数/%	33.54	60.95	49.72	10.97	44.02	82.66	9.87	4.65

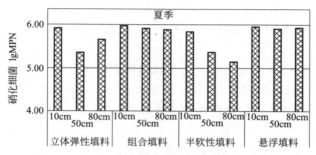

图 6.36　夏季四种仿生植物硝化细菌数量变化

此外,夏季时四种填料的仿生植物附着生物膜硝化细菌的平均值分别为冬季平均值的 7.23 倍(立体弹性填料)、8.01 倍(组合填料)、5.80 倍(半软性填料)以及 6.68 倍(悬浮填料),均表现为:夏季＞冬季。水深对仿生植物附着生物膜的硝化细菌也有明显的影响。由图可知,除半软性填料外,冬、夏季时四种仿生植物在 10cm 水深处的硝化菌数量均大于 50cm 以及 80cm 水深处。在冬、夏两季的挂膜试验中,四种仿生植物上氨化菌和硝化菌在上层采样点的数量均高于中层和底层采样点。好氧菌表现出的空间分布规律与成水平等的研究结果一致,其主要原因是 0~10cm 的水体中极易获得大气中的氧气,有利于好氧微生物的生长。

进一步对四种仿生植物附着生物膜硝化细菌及其生物量、硝化作用强度作相关性分析,结果如表 6.47 所示。由表可知,50cm 以及 80cm 水深处的硝化细菌

表 6.47　硝化细菌与生物量及硝化作用强度的相关系数

水深/cm	硝化细菌与生物量		硝化细菌与硝化作用	
	冬季	夏季	冬季	夏季
10	0.698	0.704	0.657	0.821
50	0.896①	0.490	0.859	0.775
80	0.144	0.959②	0.605	0.978②

①和②表示在 $P<0.05$ 和 $P<0.01$ 上的显著相关性。

与生物量之间存在显著的相关性；此外，夏季 80cm 水深处的硝化细菌与硝化作用强度间也存在显著的正相关关系，表明该水深处硝化作用强度受硝化细菌的直接影响。然而，其余水深处未发现显著的相关性，表明硝化作用强度及硝化细菌之间存在较为复杂的关系。

6.4.3 仿生植物附着生物膜的反硝化细菌的变化

图 6.37 和表 6.48 为冬季四种仿生植物反硝化细菌数量的变化。从图和表中可知，立体弹性填料反硝化菌数量介于 $4.10\times10^4\sim1.13\times10^5$ 个/g，平均值为 7.40×10^4 个/g；组合填料反硝化菌数量介于 $6.10\times10^4\sim9.10\times10^5$ 个/g，平均值为 7.50×10^4 个/g；半软性填料反硝化菌数介于 $(1.80\sim2.70)\times10^4$ 个/g，平均值为 2.10×10^4 个/g；悬浮填料反硝化菌数量介于 $(6.80\sim9.10)\times10^4$ 个/g，平均值为 7.73×10^4 个/g。故四种仿生植物上反硝化细菌数量的变化顺序为：悬浮填料＞组合填料＞立体弹性填料＞半软性填料。

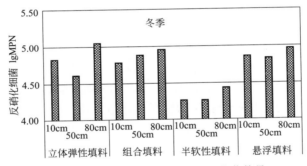

图 6.37 冬季四种仿生植物反硝化菌数量

表 6.48 仿生植物附着生物膜反硝化细菌的统计结果

项目	立体弹性填料		组合填料		半软性填料		悬浮填料	
	冬季	夏季	冬季	夏季	冬季	夏季	冬季	夏季
平均值/(10^5 个/g)	0.740	1.06	0.750	1.59	0.210	0.547	0.773	1.09
最小值/(10^5 个/g)	0.410	0.910	0.610	1.36	0.180	0.410	0.680	0.820
最大值/(10^5 个/g)	1.13	1.36	0.910	2.04	0.270	0.730	0.910	1.36
方差	0.364	0.26	0.151	0.393	0.052	0.165	0.121	0.270
变异系数/%	49.15	24.51	20.13	24.74	24.74	30.19	15.64	24.85

图 6.38 为夏季四种仿生植物附着生物膜的反硝化细菌的数量，其平均值依次为立体弹性填料 1.06×10^5 个/g；组合填料 1.59×10^5 个/g；半软性填料 5.47×10^4 个/g；悬浮填料 1.09×10^5 个/g。四种仿生植物上反硝化菌的数量表现为：组合填料＞悬浮填料＞立体弹性填料＞半软性填料。

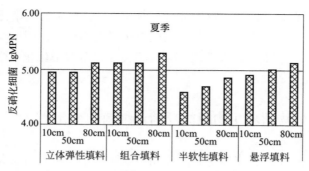

图 6.38　冬季四种仿生植物反硝化菌数量

此外，夏季时四种填料的仿生植物附着生物膜反硝化细菌的平均值分别为冬季平均值的 1.43 倍（立体弹性填料）、2.12 倍（组合填料）、2.60 倍（半软性填料）以及 1.41 倍（悬浮填料），均表现为：夏季＞冬季。水深对仿生植物附着生物膜的反硝化细菌也有明显的影响。由图可知，冬、夏时四种仿生植物 80cm 水深处的反硝化菌数量最大，10cm 和 50cm 水深处的反硝化菌数量则无明显差异。对于反硝化细菌而言，水体中氧气含量是其主要的限制因素，故底层采样点处的反硝化菌数量最大。值得注意的是，上层采样点和中层采样点处反硝化菌数量差别并不大，即未随着深度的加深而数量增加，这主要是因为反硝化菌是异养菌，需要外界提供营养，而此试验装置是上层进水，故上层采样点处营养丰富；另一方面，中层采样点处的溶解氧和上层采样点相比并无太大差别，故两处反硝化菌数量差别不大。

进一步对四种仿生植物附着生物膜反硝化细菌及其生物量、反硝化作用强度作相关性分析，结果如表 6.49 所示。由表可知，冬季时 50cm 水深处的反硝化细菌与生物量之间存在显著的相关性；此外，其余水深处的反硝化细菌与生物量及反硝化作用强度间均未发现显著的相关性，表明反硝化作用强度及反硝化细菌之间存在较为复杂的关系。

表 6.49　反硝化细菌与生物量及反硝化作用强度的相关系数

水深/cm	反硝化细菌与生物量		反硝化细菌与反硝化作用强度	
	冬季	夏季	冬季	夏季
10	0.800	0.213	0.581	0.281
50	0.897①	−0.150	0.873	−0.635
80	0.777	0.210	0.867	0.218

①表示在 $P < 0.05$ 上的显著相关性。

6.5　仿生植物附着生物膜差异的影响因素分析

由前面研究结果可知，四种不同材质的仿生植物附着生物膜的生物量增长、生物膜硝化-反硝化作用强度以及生物膜氮循环微生物的数量均有一些差异，这与仿生植物材质及其挂膜过程中的理化条件等均有密切关系。研究表明（杨帆，2005）影响生物膜生长的因素很多，包括水文条件、基质类型、营养水平、光照、温度、水体中微生物数量、种群结构等。Hunt 和 Parry 研究表明，粗糙的基质有利于生物膜的生长，粗糙基质和河水流速的结合可以增加生物膜上的生物量。同时，光照也是影响生物膜形成的重要参数，有光照条件下培养的生物膜的厚度和体积均明显大于无光照条件下培养的膜。同时，无光照条件下生长的生物膜中小颗粒物分布比较多，而有光照条件则有利于形成较大的颗粒，并且含有较多的叶绿素和藻类以及较少的营养物质（Rao 等，1997）。本次试验中，造成冬、夏两季仿生植物附着生物膜差异的影响因素主要包括以下方面。

（1）温度 温度对生物膜的形态具有显著的影响。当水温低于 4℃时生物膜的生长速度很缓慢，而随着温度的升高，生物膜生物量的增长速率也逐渐增大；其中，温度对生物膜的影响主要体现在细菌的增殖速度上，研究表明，在适宜的温度条件下，温度每提高 10℃，酶促反应速度将提高 1～2 倍，微生物的代谢速率和生长速率均可相应提高（徐斌等，2002；陈洪斌，2001）。对于河流生态系统而言，河流内大多数细菌的最适温度一般都在 20～35℃，如假单胞菌的最适温度范围在 25～35℃之间，环状弧菌的最适温度介于 30～35℃，原生动物的最适温度一般为 25～30℃（田伟君，2005，2008）。

本次试验过程中冬季、夏季温度分别介于 7.0～9.1℃（平均温度 9.1℃）、21.0～23.7℃（平均温度 23.7℃）。相应的，在挂膜结束时，夏季仿生植物生物膜平均生物量显著高于冬季形成的生物膜平均生物量，如图 6.39 所示，夏季立体弹性填料的生物量 0.051g/g＞冬季的生物量 0.047g/g，夏季组合填料的生物量 0.056g/g＞冬季的生物量 0.052g/g，夏季半软性填料的生物量 0.042g/g＞冬季的生物量 0.041g/g，夏季悬浮填料的生物量 0.068g/g＞冬季

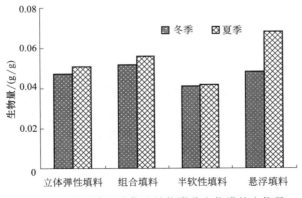

图 6.39　冬夏季四种仿生植物附着生物膜的生物量

的生物量 0.048g/g。

此外，温度对氮循环细菌亦有明显的影响。其中硝化细菌的最适生长温度介于25～30℃（郑仁宏等，2007；王晓娟等，2006；李正魁等，2000）。可见，夏季比冬季更适合硝化细菌的生长。本次试验验证了这一结果。研究发现，夏季试验中四种仿生植物上的硝化菌数量高于冬季试验，前人研究表明（Bryers等，1981），温度是制约硝化反硝化反应速率的重要因素，在28℃时，硝化、反硝化活性最高。本次试验中，夏季试验中平均水温为23.7℃，比冬季更适合反硝化菌的生长，并促使反硝化速率的提高。本次试验中，在挂膜结束时，夏季试验中四种仿生植物的反硝化强度普遍高于冬季试验：夏季立体弹性填料稳定在20.064～20.208mg/(kg·h)＞冬季19.835～19.919mg/(kg·h)；夏季组合填料稳定在20.14～20.172mg/(kg·h)＞冬季19.938～20.022mg/(kg·h)；夏季半软性填料20.064～20.076mg/(kg·h)＞冬季19.784～19.840mg/(kg·h)；夏季悬浮填料20.161～20.248mg/(kg·h)＞冬季19.904～19.947mg/(kg·h)。

（2）营养盐差异　本次试验过程中对水质指标的监测发现，冬季试验期间污染水体COD_{Cr}的浓度范围介于86.0～120.0mg/L之间，NH_4^+-N的浓度范围介于11.37～15.14mg/L，TP的浓度范围介于1.6～2.4mg/L。夏季试验中污水中COD_{Cr}的浓度范围在32.0～98.0mg/L，NH_4^+-N的浓度范围在9.13～17.87mg/L，TP的浓度范围在1.4～2.6mg/L。冬夏水质指标均属于劣Ⅴ水质，但冬夏水质间并无显著差异。研究表明（Wimpenny，1996），硝化强度易受基质浓度的影响。本次试验过程中，冬季、夏季试验原水中NH_4^+-N浓度分别介于11.37～15.14mg/L（平均浓度13.26mg/L）、9.13～17.87mg/L（平均浓度13.5mg/L），由此可见，夏季比冬季更有利于硝化作用的进行。而反硝化作用与硝化作用有关，随着硝化作用的进行，产生了更多的硝酸盐，进而促进了反硝化作用的进行。在本试验中，夏季硝化作用高于冬季，即夏季硝酸盐和亚硝酸盐高于冬季，故在一定程度上促进了反硝化作用的进行。故夏季的反硝化作用强度高于冬季。此外，生物膜的培养时间、水体营养状态等环境条件直接影响着生物膜的活性。冬、夏两季试验中，生物膜的培养时间均为28天，并无差别。

（3）溶解氧　研究表明（贺锋等，2005），好氧条件有利于硝化细菌的生长繁殖，进而促进硝化强度的增加，而缺氧和厌氧条件下硝化细菌的生长受到限制。当DO＞2.0mg/L时，硝化菌才能正常生长。本试验过程中，冬季、夏季的挂膜期间，DO的均值分别为2.25mg/L和2.45mg/L，均大于2.0mg/L，表明挂膜期间DO含量有利于硝化细菌的生长。此外，底层的溶解氧最小，适合反硝化菌的生长。

6.6 仿生植物附着生物膜对水体净化机制分析

一般来说，健康的河道水环境生态系统往往具有较好的自净功能。然而，近些年来，随着工业及城市建设的快速发展，大量的污染物随废水排放进入河流，导致河流的生态功能受到严重的破坏，河流水质逐渐恶化，大量水生植物衰退，河流异质性降低，水体中的微生物等无附着场所，自净功能丧失，最终呈现出严重污染状态。

仿生植物修复技术实际上是一种强化的水质净化手段，其对污染水体实现强化净化的核心为其体表附着的微生物膜，故仿生植物在水体净化过程中发挥的最主要的作用是为水体中的微生物提供附着载体。仿生植物具有巨大的表面积，可以为水中原有的土著生物群落提供栖息场所，而且仿生植物附着生物膜上生物相丰富，包括了好氧的异养菌、自养菌以及大量的丝状菌，线虫类、轮虫类以及寡毛虫类的微型动物等，这些微生物可在生物膜上生长和繁殖，形成更高级的食物链，这样就人为加大了河流中可降解污染物质的微生物种类和数量，实现了生物链的加环，从而提高河流的自净能力，最后通过生物共生机制实现去除污染物的目的。可见，仿生植物提供载体功能，其附着生物膜则是水体污染物降解的主要承担者，在水质净化中发挥着举足轻重的作用（周凯等，2010；郑天凌等，1994；Pfeiffer 等，2011；李倩等，2016）。仿生植物技术没有引入外来菌种，因此不会对河流原有的生态系统进行破坏，有利于污染河流恢复其原有的生态功能。

仿生植物的本质是将传统生物膜技术的填料进行形态上的设计后，直接应用于自然河道中，因此是生物膜以及填料技术的一种特殊应用，其通过充填填料来强化净化污染的河流，是对自然河流自净能力的一种强化。生物膜由于固着在仿生植物体表，因此能在其表面生长世代较长的微生物。另外，在生物膜上还可能大量出现丝状菌、轮虫、线虫等，使生物膜净化能力增强的同时还有脱氮除磷的作用。如李倩研究表明，当生物填料应用于自然水体时，其有富集水体细菌的能力，而且填料上附着的生物膜上的细菌种类和丰度远大于水体中的细菌。因此仿生植物对水体净化效能的高低在很大程度上要取决于其附着生物膜的形态特征，其原材质以及仿生植物形态的差异将对生物膜的生长、结构以及活性等产生显著的影响。仿生植物的制作又受到材料大小、材质、形态、多孔性、比表面积、表面粗糙度、布水布气性能、密度、强度以及造价等诸多因素的影响（班云霄等，2010；成国栋，2011）。目前，应用到污水处理厂等作为生物填料的原材料种类繁多，包括无机高分子填料和有机高分子填料，主要有蜂窝状和波纹板状硬性填料、悬挂式的软性填料、半软性填料、组合填料和弹性填料以及分散式的散堆式和悬浮式填料等几种类型（成国栋，2011）。现有研究表明，不同填料将导致生物填料的挂膜速度、膜生物量均出现很大的差异，本研究也证实了这一点。

6.7   本章小结

本章以四种不同材质的原材料制成的仿生植物为研究对象，研究了冬、夏两个季节仿生植物附着生物膜生物量、生物膜硝化-反硝化作用强度以及生物膜氮循环微生物的变化过程，得出的结论如下。

① 冬、夏季试验中生物量随挂膜时间的延长而逐渐增加，最后保持在一个稳定的范围内。四种仿生植物的生物量由大到小依次为：悬浮填料＞组合填料＞立体弹性填料＞半软性填料，而温度是影响这一结果的重要因素。夏季各仿生植物的生物量均高于冬季。在冬季试验中，四种仿生植物上不同高度采样点的生物量相差不大，无明显规律；而夏季四种仿生植物均明显表现为：中层＞上层＞底层。

② 冬、夏两次试验中四种仿生植物硝化强度都表现为：悬浮填料＞组合填料＞立体弹性填料＞半软性填料，不同高度采样点的硝化强度明显表现为：上层＞中层＞底层，而上层氧含量高是影响这一结果的重要因素。此外，夏季硝化强度普遍高于冬季。

③ 反硝化强度与硝化强度呈现一致的规律性，即在挂膜初期 0～13 天里，反硝化强度增幅较大，随后在一个稳定的范围内波动，四种仿生植物反硝化强度的大小依次为：悬浮填料＞组合填料＞立体弹性填料＞半软性填料，且夏季的反硝化强度高于冬季。但不同的是，在冬、夏两季挂膜试验中，四种仿生植物不同高度采样点的反硝化强度并无明显差别，这主要与底物浓度有关。

④ 冬夏两季的四种仿生植物上氨化菌和硝化菌的数量都表现为：悬浮填料＞组合填料＞立体弹性填料＞半软性填料，而反硝化菌数量的大小表现为：悬浮填料＞组合填料＞立体弹性填料＞半软性填料。且夏季的氮循环细菌数量均高于冬季。冬、夏两季挂膜试验中，氮循环细菌数量在空间分布上表现出不同的规律性：上层采样点处的氨化菌和硝化菌最大；底层采样点处的反硝化菌数量高于上层和中层采样点。

总之，夏季试验效果较好，各项指标均高于冬季；各仿生植物中悬浮填料挂膜最优，组合填料和立体弹性填料次之，半软性填料较差；上层采样点的硝化强度高，氨化菌、硝化菌数量多，中间采样点处生物量较大，底层采样点反硝化菌最多，而反硝化强度在空间上无明显差别，故上层 0～10cm 处对氮元素的去除贡献最大。

第7章

仿生植物的管理与维护

7.1 仿生植物原材质的选择

对于仿生植物而言，其原材料的选择可综合考虑以下几个因素。

（1）持久性 仿生植物原材料应经久耐用、抗老化、无污染、耐腐蚀，长期置于水体中应不易老化，且不能对水体造成二次污染。

（2）便利性 在选择过程中要考虑仿生植物制作、安装等的便利性，要能批量化生产。

（3）经济性 在满足以上两个条件的同时，尽可能选择价位较低的原材料，从而降低成本。

基于以上三个方面的考虑，本书选择了目前市场上较为常见的悬挂式的软性、半软性、组合型填料等作为仿生植物制作的原材料，其材质主要是聚乙烯和尼龙纤维等的混合材料，且具有经济、经久耐用等特点。

7.2 仿生植物辅助单元的制作

仿生植物辅助单元的主要功能是固定仿生植物，其目的是将单一的仿生植物组成群落，便于布设到河道中，此外，辅助单元在仿生植物运输过程以及造景功能等方面也要起到一定的支撑作用。因此，辅助单元的材料需要有一定的机械强度，具有质量轻、耐腐蚀、可重复利用、价格便宜、对环境影响小等特点。其辅助单元的制作需要从以下几个方面综合考虑。

① 辅助单元的框架结构需要有足够的浮力。根据前期研究结果，仿生植物的种植密度适宜范围为 $10\sim20$ 株/m^3。因此单一框架的浮力应能承载 $10\sim20$ 株/m^3 的仿生植物。

② 框架材料框架骨架要有一定的柔性，以避免在风浪或急速水流条件下被折断或者变形。

③ 框架结构应该易于锚固和移动，同时应能适应水位大幅度波动。此外，在雨季等特殊情况下，框架应能易于移动。

④ 辅助单元的外观形状可结合当地景观需求，设计成正方形、长方形、多边形、圆形等多种。

7.3 仿生植物的管理维护

仿生植物系统是自维持的人工生态系统，自身的维护工作较小。需要注意的是，仿生植物在河流中布设时，应不影响河流的水流，以维持其泄洪、航船等功能。此外，在日常进行定期检查和人工看护，一方面预防路人损坏，另一方面预防由于水流等影响，导致仿生植物从辅助单元上脱落等现象的发生。

第8章

结论与展望

8.1 结 论

本书基于镇江市主要河流呈现的生态环境退化、"荒漠化"的现状，以仿生植物为载体，在古运河及其主要支流团结河、玉带河等开展野外挂膜试验以及室内模拟试验，首先筛选适宜的仿生植物原材料，制作仿生植物及其辅助单元，并通过野外和室内控制试验，通过"水下森林"构建，显著提高水体异质性，并增加土著微生物附着场所。探讨了仿生植物附着生物膜在污染水体中的生长特性，阐明仿生植物对污染河流氮素降解的效果，同时揭示环境因子对仿生植物脱氮效能的影响，获得了仿生植物制作的适宜原材料，获得了仿生植物初始种植密度以及仿生植物对水质强化净化的适宜环境参数。研究结果最终为利用仿生植物附着生物膜技术修复城市污染河道水质提供关键技术。该项目通过生态工程措施改善了河流微生境，提高了水体的异质性，并因此改善了微生物群落结构，有效地提高了河流生态系统的稳定性和自净功能，在河流景观重建、生态功能恢复等方面具有较为明显的效果。项目的研究成果对我国当前日益严重的城市河道生态修复提供技术及理论依据，对于完善城市形态、提升城市河流生态功能等有一定的价值。

8.2 展 望

本书涉及的研究内容，在研究过程中还尚存许多不足，该项技术在野外实际应用过程中还有诸多方面需进一步深入研究和完善。

① 仿生植物主要是通过模仿自然水体中水生植物根、茎、叶对微生物的附着功能，而无法模拟植物生长发育过程中对微生境的影响过程，在下一步研究时应考虑将曝气与仿生植物技术结合，以模拟水生植物光合作用过程中泌氧功能，以提高仿生植物技术的处理效能。

② 本书仅选择了目前常用的五种填料作为仿生植物制作的原材料，还需进一步寻找新的原材料或者对现有材料进行改性等，以提高仿生植物的亲和力，并提高仿生植物对微生物膜的附着效率。此外，应从植物的形态、种类等角度出发，模拟植物根系形态及结构研发新型仿生植物，进一步提高对污染水体的净化效果。

③ 尽管本书对不同种类的仿生植物附着细菌群落的动态变化、微生物膜的活性以及附着的功能菌群硝化反硝化强度作进行了研究，取得了一些有益的成果和经验，但仿生植物附着生物膜的生物多样性问题及如何进一步提高仿生植物在污染水体中的强化净化效果尚需深入研究。

④ 结合我国当前日益严重的城市河道污染现状，从仿生植物类型、布设密度、布设水深等角度进一步研究其对水体的净化效果，为实际工程中仿生植物的选择提供直观量化参数。此外，应加强示范工程的研究，获得该技术野外应用的关键参数，从而为野外大规模使用提供技术参考。

参考文献

[1] Bryers, J. D., Characklis, W. G., Early fouling biofilm formation in a turbulent flow system: overall kinetics [J]. *Water Research*, 1981, 15, 483-491.

[2] Fennessy, M. S., Cronk, J. K., Mitsch, W. J. Macrophyte productivity and community development in created freshwater wetlands under experimenal hydrological conditions [J]. *Ecological Engineering*, 1994, 3 (4): 469-484.

[3] Gerke, S., Baker, L. A, Xu, Y. Nitrogen transformations in a wetland receiving lagoon effluent: sequential model and implications for water reuse [J]. *Water Research*, 2001, 35 (16): 3857-3866.

[4] Hu, G. J., Zhou, M., Hou, H. B., Zhu, X., Zhang, W. H. An ecological floating-bed made from dredged lake sludge for purification of eutrophic water [J]. *Ecological Engineering*, 2010, 36 (10): 1448-1458.

[5] Hunt, A. P., Parry, J. D. The effect of substratum roughness and river flow rate on the development of a freshwater biofilm community [J]. *Biofulling*, 1998, 12 (4): 287-303.

[6] Jensen, K., Revsbech, N. P., Nielsen, L. P. Microscale distribution of nitrification activity in sediment determined with a shielded microsensor for nitrate [J]. *Applied and Environmental Microbiology*, 1993, 59 (10): 3287-3296.

[7] Kouki, S., M'hiri, F., Saidi, N., Belaïd, S., Hassen, A. Performances of a constructed wetland treating domestic wastewaters during a macrophytes life cycle [J]. Desalination. 2009, 246 (1-3): 452-467.

[8] Li, X. N., Song, H. L., Li, W., Lu, X. W, Nishimura, O. An integrated ecological floating-bed employing plant, freshwater clam and biofilm carrier for purification of eutrophic water [J]. *Ecological Engineering*, 2010, 36 (4): 382-390.

[9] Lahav, O., Artzi, E., Tarre, S., et al. Ammonium removal using a novel unsaturated flow biological filter with passive aeration [J]. *Water research*, 2001, 35 (2): 397-404.

[10] Mohan, S. V., Mohanakrishna, G., Chiranjeevi, P., et al., (2010). Ecologically engineered system (EES) designed to integrate floating, emergent and submerged macrophytes for the treatment of domestic sewage and acid rich fermented-distillery wastewater: Evaluation of long term performance [J]. *Bioresource Technology*, 101, 3363-3370.

[11] Pfeiffer, T. J., Wills, P. S. Evaluation of three types of structured floating plastic media in moving bed biofilters for total ammonia nitrogen removal in a low salinity hatchery recirculating aquaculture system [J]. *Aquacultural Engineering*, 2011, 45 (2): 51-59.

[12] Riemer, D., Pos, W, Milne, P., et al. Observations of nonmethane hydrocarbons and oxygenated volatile organic compounds at a rural site in the southeastern United States [J]. *Journal of Geophysical Research*, 1998, 103: 28111-28128.

[13] Rao, T. S., Rani, P. G., Venugopalan, V. P., Nair, K. V. K. Biofilm formation in freshwater environment under photic and aphotic conditions [J]. Biofouling, 1997, 11: 265-282.

[14] Sooknah, R. D, Wilkie, A. C., Nutrient removal by floating aquatic macrophytes cultured in anacrovically digested flushed dairy manure waste water [J]. *Ecological Engineering*, 2004, 22: 27-42.

[15] Sun, L. P., Liu, Y., Jin, H. Nitrogen removal from polluted river by enhanced floating bed grown canna [J]. *Ecological Engineering*, 2009, 35, 135-140.

[16] Tallec, G., Garnier, J., Billen, G., Gousailles, M., Nitrous oxide emissions from denitrifying activated sludge of urban wastewater treatment plants, under anoxia and low oxygenation [J]. *Bioresource Technology*, 2008, 99 (7): 2200-2209.

[17] Tanner, C. C., Clayton, J. S., Upsdell, M. P., Effect of loading rate and planting on treatment of dairy farmwastewaters in constructed wetlands Ⅱ. Removal of nitrogen and phosphorus [J]. *Water Research*, 1995, 29 (1): 27-34.

[18] Vymazal, J., Gppal, B., Goel, U., Competition and allelopathy in aquatic plant communities [J]. Botanical Review, 1993, 59: 155-210.

[19] Wu, H. M, Zhang, J., Li, P. Z., Zhang, J. Y., Xie, H. J., Zhang, B. Nutrient removal in constructed microcosm wetlands for treating polluted river water in northern China [J]. *Ecological Engineering*, 2011, 37 (4): 560-568.

[20] Wu, J, Zhang, J, Jia, W. L., *et al*. Impact of COD/N ratio on nitrous oxide emission from microcosm wetlands and their performance in removing nitrogen from wastewater [J]. Bioresource Technology, 2009, 100 (12): 2910-2917.

[21] Wimpenny, J. Ecological determinants of biofilm formation [J]. *Biofouling*, 1996, 10 (1-3): 43-63.

[22] Wang, G. X, Zhang, L. M., Chau H, Li X. D., Xia, M. F., Pu, P. M., A mosaic community of macrophytes for the ecological remediation of eutrophic shallow lakes [J]. *Ecological engineering*, 2009, 35: 582-590.

[23] Zhou, S., Hosomi, M. Nitrogen transformations and balance in a constructed wetland for nutrient-polluted river water treatment using forage rice in Japan [J]. *Ecological Engineering*, 2008, 32 (2): 147-155.

[24] Zhou, X. H., Li, Y. M., Zhang, J. P., Liu, B., Wang, M. Y., Zhou, Y. W., Lin, Z. J., He, Z. L. Diversity, abundance and community structure of ammonia-oxidizing archaea and bacteria in riparian sediment of Zhenjiang ancient canal [J]. *Ecological Engineering*, 2016, 90, 447-458.

[25] Zhu, L. D., Li, Z. H., Ketola, T. Biomass accumulations and nutrient uptake of plants cultivated on artificial floating beds in China's rural area [J]. *Ecological Engineering*, 2011, 37, 1460-1466.

[26] 白晓慧. 城市内河污染修复技术及其健康生态重建研究 [D]. 杭州：浙江大学, 2001.

[27] 白军红, 欧阳华, 邓伟等. 湿地氮素传输过程研究进展 [J]. 生态学报, 2005, 25 (2): 326-333.

[28] 班云霄, 杨惠君, 张云霞, 杨庆. 填料颜色和形体特征对挂膜速度的影响 [J]. 水处理技术, 2010, 36 (6): 77-80.

[29] 陈洪斌, 梅翔, 高廷耀等. 受污染源水生物预处理挂膜过程研究 [J]. 水处理技术, 2001, 27 (4): 196-199.

[30] 陈琳. 苏州河微生物生态学初步研究 [D]. 上海：上海师范大学, 2003.

[31] 成国栋. 改性聚氨酯填料的生物膜附着性能及废水处理特性研究 [D]. 天津：天津大学, 2011.

[32] 成水平, 夏宜珍. 香蒲、灯心草人工湿地的研究——Ⅱ净化污水的空间 [J]. 湖泊科学, 1988, 10 (1): 62-66.

[33] 成水平, 吴振斌, 况琪军. 人工湿地植物研究 [J]. 湖泊科学, 2002, 14 (2): 179-185.

[34] 成水平, 夏宜珍. 香蒲、灯心草人工湿地的研究——Ⅲ净化污水的机理 [J]. 湖泊科学, 1988, 10 (2): 66-71.

[35] 陈旭良, 郑平, 金仁村等. pH 和碱度对生物硝化影响的探讨 [J]. 浙江大学学报, 2005, 31 (6): 755-759.

[36] 陈志刚, 张珂, 周晓红等. 两种填料挂膜期间硝化反硝化强度对比试验 [J]. 人民黄河, 2011, 33 (4): 87-89.

[37] 储金宇, 王晓娟, 周晓红等. 不同环境因子作用下仿生植物附着微生物膜对氮素降解效能 [J]. 水处理技术, 2014, 40 (6): 45-49.

[38] 高大文, 彭永臻, 王淑莹. 控制 pH 实现短程硝化反硝化生物脱氮技术 [J]. 哈尔滨工业大学学报, 2005 (12): 1664-1666.

[39] 贺锋, 吴振斌, 陶菁等. 复合垂直流人工湿地污水处理系统硝化与反硝化作用 [J]. 环境科学, 2005, 26 (1): 47-50.

[40] 李倩, 胡廷尖, 辛建美等. 应用 16S rRNA 基因文库技术分析 3 种生物填料上生物膜的细菌群落组成 [J]. 大连海洋大学学报, 2016, 31 (4): 384-389.

[41] 李正魁, 濮培民. 净化湖泊水体氮污染的固定化硝化-反硝化菌研究 [J]. 湖泊科学, 2000, 12 (2): 119-123.

[42] 刘波, 杜旭, 王国祥等. 仿生植物处理城市生活污水研究 [J]. 环境污染与防治, 2012, 34 (10):

16-19.

[43] 刘波，王国祥，王风贺等.不同曝气方式对城市重污染河道水体氮素迁移与转化的影响［J］.环境科学，2011，32（10）：2971-2977.

[44] 刘培芳，陈振楼，刘杰.盐度和 pH 对崇明东滩沉积物中 NH_4^+ 释放的影响研究［J］.上海环境科学，2002，21（5）：271-273.

[45] 刘书宇，马放.水循环周期对生态床内氮形态转化过程的影响［J］.环境科学.2007（05）：1006-1010.

[46] 刘晓涛.关于城市河流治理若干问题的探讨［J］.上海：上海水务，2001，（03）：1-5.

[47] 吕艳华，白洁，姜艳等.黄河三角洲湿地硝化作用强度及影响因素研究［J］.海洋湖沼通报，2008，（2）：61-66.

[48] 卢少勇，金相灿，余刚.人工湿地的氮去除机理［J］.生态学报，2006，26（8）：2670-2677.

[49] 彭喜花，于鹄鹏.城市河道水体修复技术研究综述［J］.环境保护与循环经济，2011，（02）：55-58.

[50] 濮培民，胡维平，逢勇澄.净化湖泊饮用水源的物理-生态工程实验研究［J］.湖泊科学，1997，9（2）：159-167.

[51] 朴栋海，戴术霞，朴粉善.浅议生物-生态修复技术在水环境治理中的应用［J］.中国西部科技，2011，（23）：18-19.

[52] 宋洪宁，杜秉海，张明岩等.环境因素对东平湖沉积物细菌群落结构的影响［J］.微生物学报，2010，（08）：1065-1071.

[53] 宋庆辉，杨志峰.对我国城市河流综合管理的思考［J］.水科学进展，2002，13（3）：377-382.

[54] 宋祥甫，邹国燕，吴伟明.浮床水稻对富营养化水体中氮、磷的去除效果及规律研究［J］.环境科学学报，1998，18（5）：489-494.

[55] 宋英伟，聂志丹，年跃刚等.城市景观水体曝气与生物膜联合净化技术研究［J］.环境科学，2008，29（1）：58-62.

[56] 沈耀良，王宝贞.吹脱法去除渗滤液中氨的动力学及机理［J］.污染防治技术，1999，（02）：67-71.

[57] 田伟君，郝芳华，翟金波.弹性填料净化受污染入湖河流的现场试验研究［J］.环境科学，2008，29（5）：1308-1314.

[58] 田伟君.河流微污染水体的直接生物强化净化机理与试验研究［D］.南京：河海大学，2005.

[59] 王敏，汪建根.短程硝化-反硝化生物脱氮过程的影响因素研究［J］.污染防治技术，2009，（04）：59-62.

[60] 吴建强，黄沈发，丁玲等.人工湿地中的 SND 机理以及 DO、pH 对其的影响［J］.环境污染与防治，2005，27（6）：476-478.

[61] 王晓娟.仿生植物附着生物膜对污染水体氮素降解效能研究［D］.镇江：江苏大学，2014.

[62] 王晓娟，张荣社.人工湿地微生物硝化和反硝化强度对比研究［J］.环境科学学报，2006，26（2）：225-229.

[63] 王宗平，刘文峰.垃圾渗滤液预处理——氨吹脱［J］.给水排水，2001，27（6）：15-19.

[64] 王宗平，陶涛，金儒霖.垃圾填埋场渗滤液处理研究进展［J］.环境科学进展，1999，（03）：33-40.

[65] 王玉萍，王立立，李取生.珠江河口湿地沉积物硝化作用强度及影响因素研究［J］.生态科学，2012，31（3）：330-334.

[66] 吴晓磊.污染物质在人工湿地中的流向［J］.中国给水排水，1994，10（1）：40-43.

[67] 吴晓磊.人工湿地废水处理机理［J］.环境科学，1994，16（3）：83-86.

[68] 王少坡，彭永臻，李军等.CAST 工艺处理低 C/N 废水中 DO 对 NO_2^--N 积累的影响［J］.哈尔滨工业大学学报，2005，（03）：344-347.

[69] 吴雪，赵鑫，刘一威等.高氨氮废水短程硝化系统影响因素研究［J］.环境科学与技术，2013，S1：5-9.

[70] 王圣瑞，赵海超，王娟等.有机质对环境沉积物不同形态氮释放动力学影响研究［J］.环境科学学报，2012，32（2）：332-340.

[71] 王国祥.用镶嵌组合植物群落控制湖泊饮用水源区藻类及氮污染［J］.植物资源与环境，1998，7（2）：35-41.

[72] 魏巍，黄廷林，智利等.新型悬浮填料在原位生物脱氮处理中的应用研究［J］.中国给水排水，2010，（09）：13-17.

[73] 夏四清，徐斌，高廷耀等.悬浮填料床生物预处理黄浦江原水中试研究［J］.同济大学学报：自然科学版，2003，31（8）：977-981.

[74] 肖羽堂，赵美姿，高立杰.富氧生物膜法修复微污染水源的机理研究［J］.长江流域资源与环境，2005，14（6）：796-800.

[75] 许光辉，郑洪元.土壤微生物分析方法手册［M］.北京：中国农业出版社，1986.

[76] 徐瑛.微污染水源水生物硝化处理影响因素［J］.工业安全与环保，2002，（06）：20-22.

[77] 徐斌，夏四清，高廷耀.应用悬浮填料预处理微污染原水的影响因素探讨［J］.上海环境科学，2002，21（12）：738-742.

[78] 许宽，刘波，王国祥等.曝气和pH对城市重污染河道底泥氮形态的影响［J］.环境工程学报，2012，6（10）：3554-3557.

[79] 徐乐中.pH值碱度对脱氮出磷效果的影响及其控制方法［J］.给水排水，1996，22（1）：10-13.

[80] 许木启，黄玉瑶.受损水域生态系统恢复与重建的研究［J］.生态学报，1998，18（5）：547-558.

[81] 杨帆.自然水体生物膜上主要组分生长规律及吸附特性［D］.长春：吉林大学，2005.

[82] 闫立龙，张颖，李传举.pH值对猪场养殖废水常温短程硝化特性的影响［J］.农业机械学报，2011，42（10）：181-185.

[83] 虞丹森，张书农，郑英铭.厌氧水质模型初探［J］.上海环境科学，1990，（01）：10-14.

[84] 岳隽，王仰麟，彭建.城市河流的景观生态学研究：概念框架［J］.生态学报，2005，25（6）：1422-1429.

[85] 尹澄清，兰智文，晏维金.白洋淀水陆交错带对陆源营养物质的截留作用初步研究［J］.应用生态学报，1995，6（1）：76-80.

[86] 支霞辉，丁峰，彭永臻等.常温条件下短程硝化反硝化生物脱氮影响因素的研究［J］.环境污染与防治，2006，28（4）：255-256.

[87] 郑天凌，王海黎，洪华生.微生物在碳的海洋生物地球化学循环中的作用［J］.生态学杂志，1994，13（4）：47-50.

[88] 张珂.仿生植物附着生物膜动态变化研究［D］.镇江：江苏大学，2011.

[89] 张小东，陈季华，奚旦立.生态填料在微污染水体处理中的应用［J］.天津工业大学学报，2008，27（5）：97-99.

[90] 周小平，王建国，薛利红等.浮床植物系统对富营养化水体中氮、磷净化特征的初步研究［J］.应用生态学报，2005，16（11）：2199-2203.

[91] 张赛军，颜智勇，郑垒.碱度及DO对亚硝化反应的影响［J］.安徽农业科学，2010，（24）：13340-13342.

[92] 郑仁宏，邓仕槐，李远伟等.表面流人工湿地硝化与反硝化强度研究［J］.环境污染与防治，2007，29（1）：37-39.

[93] 周凯，来琦芳，罗璋等.对虾养殖前期5种类型水体中细菌的组成和比较研究［J］.中国海洋大学学报：自然科学版，2010，40（11）：39-44.

[94] 周晓红，王国祥，杨飞.浮床生态场空间分布特征［J］.生态学杂志，2011，30（6）：1287-1294.

[95] 周晓红，王旻，吴春笃等.仿生植物附着微生物膜对污染水体氮素迁移转化效能分析［J］.生态环境学报，2012，21（6）：1102-1108.

[96] 周晓红.城市污染河道的生态修复技术及机理［D］.南京：南京师范大学，2009.

[97] 周晓红，李义敏，周艺等.镇江老城区古运河沉积物氮及有机质垂向分布及污染评价［J］.环境科学，2014，35（6）：2148-2155.

[98] 周勇，操家顺，杨婷婷.生物填料在重污染河道治理中的应用研究［J］.环境污染与防治，2007，（04）：289-292.